先进云安全研究与实践

青藤云安全
中国信息通信研究院云计算与大数据研究所 ◎著

電子工業出版社
Publishing House of Electronics Industry
北京 · BEIJING

内容简介

本书不仅从宏观角度为读者提供了全面的云安全发展分析，更是结合实际场景，深入探讨了云安全评估方法、策略制定、CNAPP 方案，以及行业应用案例。从理论到实践，本书系统地阐述了构建先进云安全能力的路径与方法。

全书共分为 9 章，其中第 1 章和第 2 章从宏观产业视角，分析了在数字经济背景下，云计算和云安全的发展情况，以及云安全的重要保障作用；第 3 章到第 5 章主要介绍了云环境下的数字化发展面临的安全风险与挑战、云安全建设原则，以及全面的云安全评估方法；第 6 章到第 8 章围绕典型的云安全场景解析，提出了先进云安全解决方案，并从行业实践的角度介绍了具体的落地路径；第 9 章分享了在数字化背景下，对云安全发展的思考和展望。本书适合云安全产业研究者、企业安全建设领导者、安全从业者、云安全学习者等人员阅读。

图书在版编目（CIP）数据

先进云安全研究与实践 / 青藤云安全，中国信息通信研究院云计算与大数据研究所著. -- 北京 : 电子工业出版社，2024. 10. -- ISBN 978-7-121-48703-3

Ⅰ. TP393.027

中国国家版本馆 CIP 数据核字第 202417YX59 号

责任编辑：张春雨

文字编辑：葛　娜

印　　刷：三河市鑫金马印装有限公司

装　　订：三河市鑫金马印装有限公司

出版发行：电子工业出版社

北京市海淀区万寿路 173 信箱　　邮编：100036

开　　本：720×1000　1/16　　印张：14.75　　字数：271 千字

版　　次：2024 年 10 月第 1 版

印　　次：2025 年 3 月第 2 次印刷

定　　价：100.00 元

凡所购买电子工业出版社图书有缺损问题，请向购买书店调换。若书店售缺，请与本社发行部联系，联系及邮购电话：（010）88254888，88258888。

质量投诉请发邮件至 zlts@phei.com.cn，盗版侵权举报请发邮件至 dbqq@phei.com.cn。

本书咨询联系方式：faq@phei.com.cn。

本书编委会

主　　编： 张　福　　栗　蔚

执行主编： 程　度　　胡　俊　　张　焱

郭　雪　　龙华桥

编　　委： 叶林华　　王洪中　　林崇攀

孔　松　　韩　非　　李满满

李洪雨

推荐序

网络空间已经成为继陆、海、空、天之后的第五大主权领域空间，提供了其他空间难以企及的连通性和全球影响力，成为社会和经济发展的核心。党的二十大以后，我国进入新发展时代，云计算技术的快速发展和广泛应用激活了新一轮经济发展潜力，其作为“新基建”中信息基础设施的重要组成，是数字化转型、网络化重构、智能化提升、产业化升级的重要支撑。随着云计算技术从多层次、多角度与社会、经济系统的各个功能模块产生深度耦合，云安全的基础保障作用和发展驱动效应日益突出。

然而，在新技术的光辉下，安全风险亦随之倍增。随着数字经济的发展，以云计算为代表的数字技术正以新理念、新业态、新模式全面渗透至社会的每一个角落，极大地推动了生产力的发展。但正如一枚硬币的两面，技术进步也带来了前所未有的安全挑战。云平台，作为数据与系统的汇聚之地，无疑成为攻击者眼中的“蜜饯”，其安全形势之严峻，风险之剧增，不容忽视。

云计算环境与传统 IT 环境在理念和技术层面存在显著差异，这要求我们对安全防护的理念进行革新。在云计算的高速变化环境中，传统的安全措施已难以为继。例如，Serverless 技术的兴起，使得云上应用的启动与消亡以毫秒计，这对安全防护提出了全新的要求。面对如此快速的攻击生命周期，传统安全机制的有效性受到严峻挑战。

我们必须认识到，云时代的安全技术手段需要与云计算的特征深度融合，实现安全产品的云原生化，以适应开放互联、高效运转、结构复杂、快速变化的云环境。这不是对传统安全技术的简单改造，而是在云计算环境下对安全技术的创新和扩展。

《先进云安全研究与实践》一书，凝聚了青藤在云安全领域前沿的研究成果和深厚的实践经验，并得到了中国信息通信研究院在产业研究和政策制定方面的权威支持。本书不仅从宏观角度为读者提供了全面的云安全发展分析，更是结合实际场景，深入探讨了云安全评估方法、策略制定、CNAPP 方案，以及行业应用案例。从理论到实践，本书系统地阐述了构建先进云安全能力的路径与方法。

云计算作为新一代信息技术的引擎，正不断推动行业应用的创新与发展。构建先进有效的云安全能力，已成为实现云战略的关键。我期待本书能够激发更多的思考与讨论，为我国云安全产业的发展贡献智慧，为行业云安全建设提供宝贵的参考与指导。

沈昌祥

中国工程院院士

序 一

当前，数字化浪潮正以前所未有的速度和广度席卷全球，成为驱动经济社会发展的核心力量。中国的数字经济规模已跃居世界第二，数字技术与实体经济加速融合，全面进入数字化时代已成为不可逆转的时代趋势。云计算作为数字化时代的基础设施，在各行业数字化转型中发挥着至关重要的支撑作用。

然而，云计算在给各行业带来敏捷性、弹性和创新力的同时，也引入了新的安全风险和挑战。相较于传统 IT 环境，云上资产的边界更加模糊、攻击面更加广泛、安全事件影响更加深远。不断演进的安全威胁，对云平台和云服务的可信、可控提出了更高要求。在数字化时代，没有网络安全就没有国家安全，网络安全是头等大事。云安全作为网络安全的重要组成部分，事关国家安全、社会稳定和经济发展大局。推动云安全产业健康发展，掌握云安全核心技术，构建可信、可控的云安全保障体系，是我国抢抓新一轮科技革命和产业变革机遇、谋求数字经济发展新优势的战略选择。

本书立足新时代网络安全形势，系统梳理了云计算发展和云安全建设情况，深入剖析了云环境下的新需求、新挑战，在此基础上提出了一套全面、实用的云安全解决方案。全书共分为 9 章，内容涵盖云安全总体框架、核心原则、关键实践、管理体系等方方面面。其中：

第 1 章和第 2 章从数字中国建设和网络安全战略的高度，分析了云安全发展的时代背景、重大意义以及面临的机遇和挑战。

第 3 章到第 5 章阐述了云安全总体框架，提炼了云安全建设“责任共担、综合防御、动态感知、智能协同”的关键原则，并给出了云安全通用参考模型，以及基于责任共担的云安全评估框架。

第6章重点介绍了云安全的场景和技术，包括云配置管理、身份和访问管理、API安全管理、云资产管理和保护、云数据管理、云漏洞管理、云网络安全、云安全事件的检测和恢复，以及软件供应链管理。随着云计算技术的演变，这些云安全场景带来了新的问题和新的技术应对思路。

第7章介绍了创新的先进云安全解决方案。该方案由“四个方向”构成，其中“左移”偏重开发安全，“右移”关注运行安全，“下移”保证云基础设施安全，“上移”实现云安全运营。不同于传统的安全架构，该方案在云原生应用的生命周期，以及技术栈和最终效果等方面都有涉及，是一个更加容易落地的建设思路。

第8章和第9章从数字化转型和网络强国战略的高度，分享了推进行业云安全治理、构建云网融合安全、发展云安全产业的思考和展望。

本书兼具战略视野与实践深度，理论联系实际，突出了可操作性，对于推动数字中国建设、提升国家云安全水平具有重要参考价值。无论是政府机构、行业组织，还是云服务商、解决方案提供商、企业用户，都能从本书中获得灵感和启发。当前，以习近平同志为核心的党中央高度重视网络安全工作，提出要树立正确的网络安全观，走出一条中国特色网络强国之路。本书的出版正当其时，为在网络安全领域贯彻落实总体国家安全观，维护国家网络主权和网络安全，保障数字中国建设行稳致远，提供了重要的智力支持。

衷心希望本书能成为业界的一次积极探索和有益尝试，为网络安全和云计算领域的研究者、实践者提供新的思路和参考；为政府决策部门制定云安全战略、法规标准提供专业意见和建议；为云服务商、行业用户筑牢云上业务安全根基，夯实数字化转型基础提供参考指南。让我们携手并进，为推进数字中国、智能社会、网络强国建设贡献网络安全力量！

青藤云安全联合创始人

程度

序 二

经过二十余年的发展，云计算对生产力变革、数字经济发展和国家安全的赋能价值不断被挖掘，从诞生之初的市场信任程度不高，到全行业积极“上云用数赋智”，云视频、云游戏等领域的发展更是将云计算从生产工具、生产资料变成个人生活中如水、电、燃气一般的必需品，云计算以其独特的技术优势赢得了大众的青睐。

然而，随着云上承载数据量的爆发性增长和业务需求的不断演变，云安全问题日益凸显。近年来，大型云平台接连发生影响生产连续性的安全事故，云计算行业急需探索如何建立高效、可靠的云安全体系。

在云安全研究的过程中，我们发现：大量企业的云安全建设缺乏体系化规划，建设的核心驱动力通常源于碎片化需求，如合规配置检查引入云安全配置工具，新型 0day 漏洞促进漏洞扫描工具更新迭代，勒索事件频发推动防勒索工具的普及。然而，企业大量投入也只能通过工具叠加进行安全建设，仍然无法保证云上资产不会被攻击渗透。由于云安全能力建设缺乏目标指引，企业在购置安全工具前缺乏对自身安全建设的全面认识，无法高效利用有限的安全资源，对未来的提升方向规划不足。

云安全建设不仅是技术问题，更是系统工程问题，需要从全局的角度出发，综合考虑技术、管理、合规等多方面的因素，构建一个全方位、多层次的安全防护体系。为此，本书编委会特地编写了指导材料《先进云安全研究与实践》，从云计算发展带来的新需求与新挑战出发，系统分析云安全建设的核心原则与基本要求，总结云安全典型能力，将方案与应用场景相结合，以实践案例的形式为读者提供具备落地性的建设指导。

本书编写方之一的中国信息通信研究院云计算与大数据研究所云安全团队，在相关领域深耕多年，积累了丰富的理论基础，组织编写并发布了《云计算安全责任共担模型》《云服务用户数据保护能力参考框架》《云计算风险管理框架》等三十余项行业标准、研究报告。本书融合了编委会成员的相关经验，探讨云安全建设应遵循的基本原则，贯彻云安全责任共担理念，分析典型云安全场景面临的风险与应对方案，最后以重点行业场景的形式将理论与实践相结合。

云安全领域不断变革，安全建设无法以一蹴而就的心态完成，应遵循螺旋式上升的路径持续强化。希望本书可以让更多的人了解云安全，引发更多的思考与讨论，集思广益，用大众的智慧不断促进我国云安全产业的发展。

中国信息通信研究院云计算与大数据研究所副所长

栗蔚

目录

第1章

中国全面进入数字化时代

以云计算为代表的数字技术是建设高速泛在、智能敏捷、安全可信的数字基础设施的关键，云正成为数字经济新动能不可或缺的重要支撑。

随着数字经济的发展，以云计算为代表的数字技术正以新理念、新业态、新模式全面融入各领域。业务和应用云化已经成为组织机构信息系统的新常态。然而，病毒、木马、APT 攻击等风险逐渐向云空间传导渗透，且呈现渗透速度快、辐射范围广、影响程度深的特性，因此，保障云安全十分关键。

总的来看，数字经济发展需要强大的云计算基础设施支撑，云计算的快速发展带动云安全产业高速增长，三者协同联动，一体发展。

国家高度重视数字经济的发展，并将其上升为国家战略。近年来，数字经济及云计算产业的发展政策密集出台，基本形成了完善的数字经济顶层设计。数字经济已成为我国构建现代化产业、市场、治理体系的重要组成部分，而云计算成为推进数字经济发展的重要驱动力量。

1.1 数字经济顶层设计不断完善

《中华人民共和国国民经济和社会发展第十四个五年规划和 2035 年远景目标纲要》《“十四五”数字经济发展规划》《数字中国建设整体布局规划》等政策文件相继出台，表明我国发展数字经济的顶层设计体系逐渐完善。图 1-1 展示了近年来我国发布的有关数字经济发展的政策文件。其中，中共中央、国务院印发的《数字中国建设整体布局规划》强调，要加强整体谋划、统筹推进，把各项任务落到实处。将数字中国建设工作情况作为对有关党政领导干部考核评价的参考。

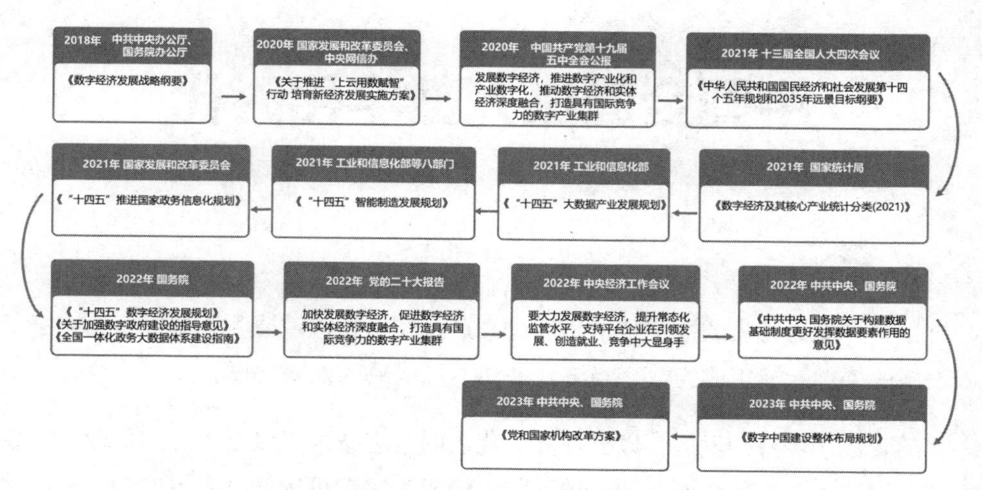

图 1-1 中国数字经济顶层设计规划文件

在数字经济中，云作为基础设施，是搭建数字经济体的金字塔底座。在“十四五”规划中，明确提到了“加快推动数字产业化，培育壮大人工智能、大数据、区块链、云计算、网络安全等新兴数字产业”。在数字经济重点产业中，云计算更是位列第一，足以见得云计算在数字产业化中的重要地位。

当前，国家正在继续加强云计算基础设施建设。2022 年，国家发展和改革委员会、中央网信办、工业和信息化部、国家能源局联合印发通知，同意在京津冀、长三角、粤港澳大湾区、成渝、内蒙古、贵州、甘肃、宁夏八地启动建设国家算力枢纽节点，并规划了十个国家数据中心集群，“东数西算”工程正式全面启动。图 1-2 展示了中国“东数西算”工程全景图。从全景图可以看出，我国云计算产业在京津冀、长三角和粤港澳大湾区集中分布，形成热点区域，并向中西部地区扩散，呈现整体布局、分布发展的趋势。与此同时，云计算相关标准和规范不断完善，促进云计算产业在政务、金融、工业、交通、医疗等多个行业落地。

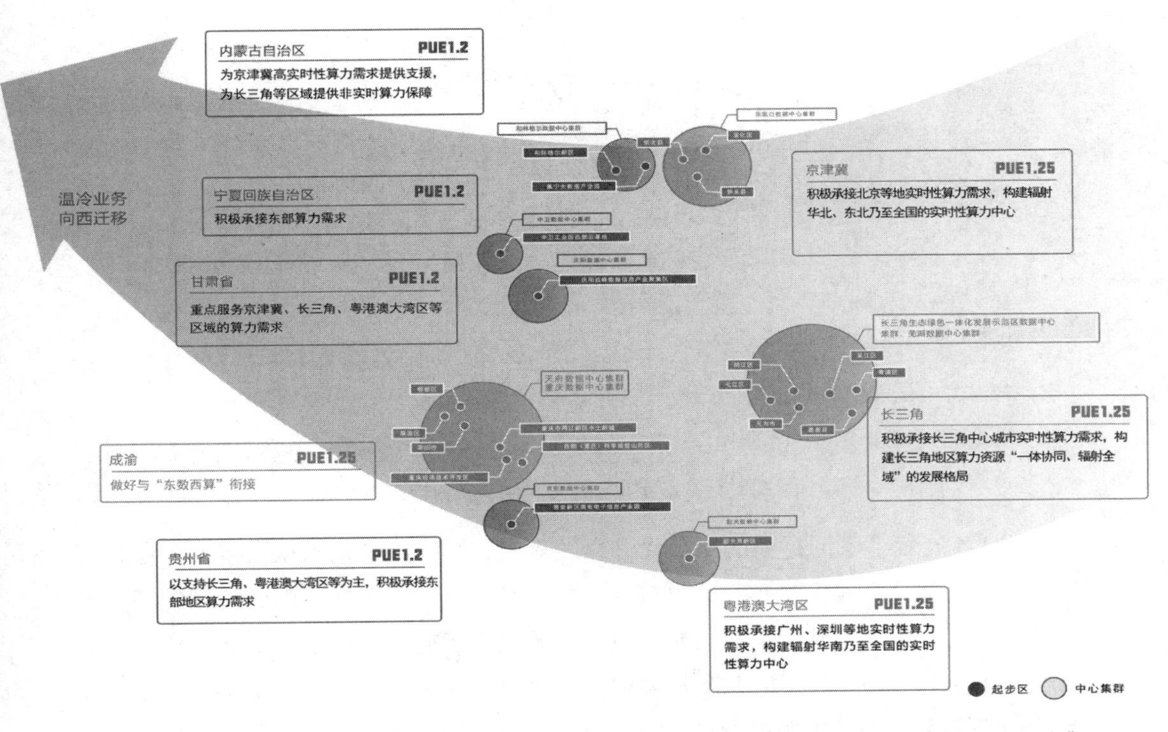

来源：《2022 中国数字经济发展研究报告》

图 1-2　中国“东数西算”工程全景图

根据公开数据，目前中国算力规模约占全球的 27%，仅次于美国，排名第二。随着国家八大算力枢纽、十大算力集群部署建设的有序推进，中国算力将继续保持 30% 的增长速度，有望在“十四五”末实现全球算力规模第一。在数字经济强大算力需求的牵引下，云计算产业将迎来持续高涨，同时，对数字经济的驱动作用也将进一步加强。

1.2 数字化成为各行业发展的必然趋势

随着行业数字化转型的快速发展，以云计算为代表的数字基础设施是贯穿始终的基石，是行业数字化最大的驱动力。如图 1-3 所示，通过云计算与行业场景深度融合，打造丰富的数字政务、智慧金融、智能制造、智慧医疗等数字化云应用场景，不断增强行业竞争力，释放数字化带来的经济效益和社会效益。

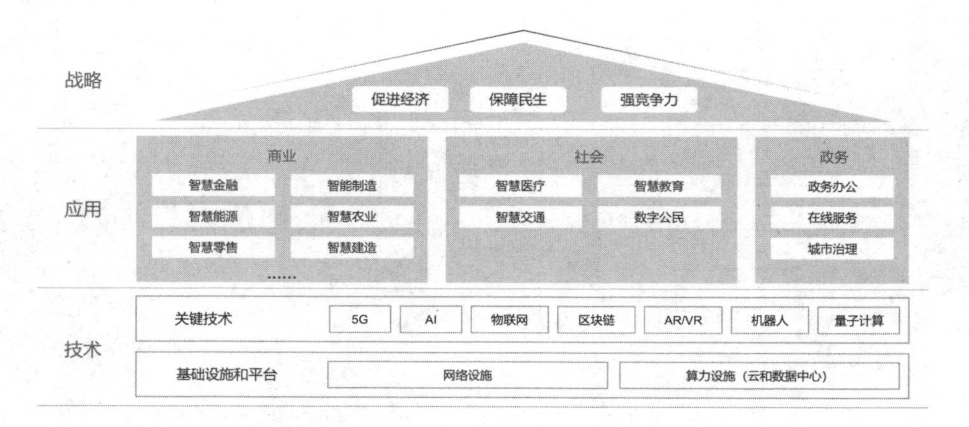

来源：《数字化转型，从战略到执行》报告

图 1-3 行业数字化的技术应用及业务场景

图 1-4 展示了不同行业的数字化进程。首先，数字化影响数据密集型行业，例如信息通信、金融保险等，这类行业的数据基础好，云渗透率已经达到较高的水平。其次，作为支柱型工业的制造业、能源电力等行业，数字化转型诉求强，转型重心向更优产品、更佳服务和更完善的客户体验演进。作为数字化追随者，政务和医疗等基础服务领域，近年来数字化转型发展迅猛，上云及用云量不断突破。

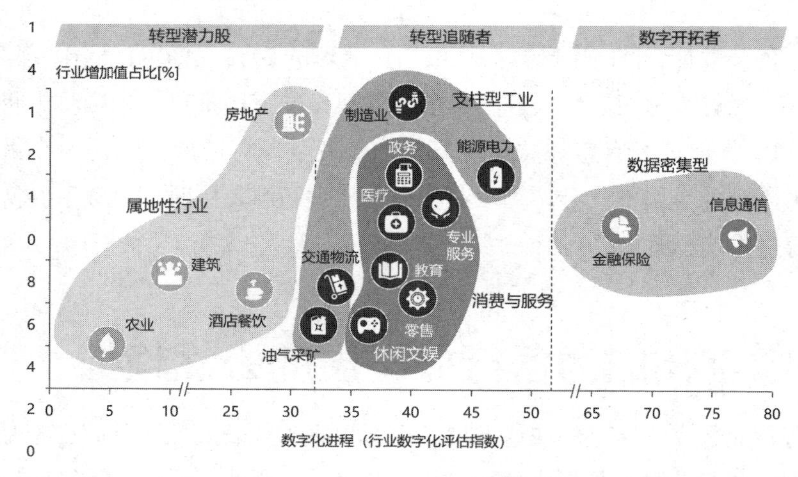

来源：《数字化转型，从战略到执行》报告

图 1-4 不同行业的数字化进程

对于金融行业来说，数字化不但可以优化客户体验，如移动支付等，还能通过创新解决方案，如诈骗监测系统、虚拟财富顾问等，增强金融科技行业的竞争力。

对于运营商来说，通过数字化转型，例如运营支持系统（OSS）、业务支持系统（BSS）的云化，不仅可以实现效率的提升，还能实现数据资产的变现，同时能够利用数字化原生优势，连接各行业伙伴，构建生态体系。

对于政务领域来说，以政府数字化转型为先导，撬动经济和社会的数字化转型，是各级组织纷纷大力推动数字化转型的目标和动力。其中，政务云建设进入"深水区"，政务云开始从单独建设向集约高效、安全可信的一体化建设和运营演进，以破解互联互通难、异构管理难以及资源调度难等问题。

对于能源行业来说，数字化不但可以优化生产管理，提升生产效率和运营的稳定性，还能通过综合数字能力，如数据分析、网络安全系统等，保障生产经营的韧性和可持续性。

1.3 云成为数字经济发展的核心基础设施

云计算已经成为数字经济的重要支柱产业，对数字经济发展和千行百业数字化转型的支撑作用愈加凸显。云计算发展水平已经成为衡量一个地区数字经济发展程度的重要指标。云计算赋能传统行业，实现了生产效率提升、商业模式创新、用户体验优化等延伸性效应，对数字经济增长的拉动作用愈加凸显。

1. 云是城市数字化的重要支撑

数字经济发展最重要的驱动力是城市数字化水平，而云是城市数字化的重要支撑。如图 1-5 所示，城市云服务发展指数成为衡量数字经济规模的重要指标。这两者之间有较为明显的正相关关系，整体呈现 S 型曲线，符合技术扩散曲线的发展路径。

从城市云服务发展指数与数字经济规模之间的关系可以看出，蓄势提升城市的云服务发展处于初期，云服务发展水平与数字经济之间的相互影响力相对较小；进入加速追赶阶段后，云服务发展水平与数字经济之间的相互影响力快速提升；在创新引领阶段，云服务发展已经达到较高的水平，其与数字经济之间的相互影响力又开始逐步放缓。

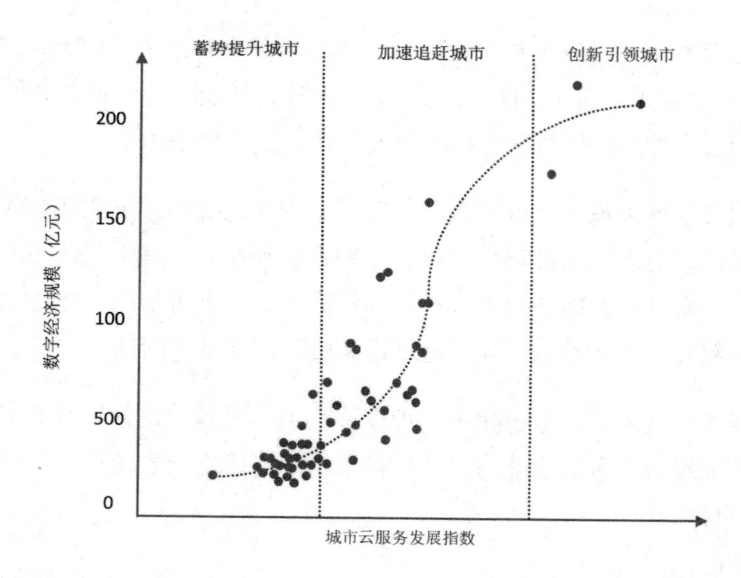

来源：中国信息通信研究院

图 1-5 城市云服务发展指数与数字经济规模之间的关系

2.“用云量”是衡量和检验行业数字化水平的标准

云计算发展水平已经成为衡量各行业数字化程度的重要指标。图 1-6 展示了 2022 年各行业的用云量占比。从行业用云量占比来看，以电商为代表的互联网行业的用云量占比大幅度下降，从 64.5%（2020 年）跌至 30.6%（2022 年），以政务、金融、工业为代表的传统行业处于追赶状态，随着“上云用数赋智”理念的深入，用云量规模将不断扩大。

从行业上云、用云的程度来看，我国云计算应用已从互联网拓展至政务、金融、工业、医疗、交通等传统行业。中国信息通信研究院发布的《2022 年中国云计算发展指数》报告数据表明，从行业用云热力值来看，政务行业占据领头地位，逐年跨级增长，率先进入“热带”。金融、工业行业暂处“温带”，在行业政策的推动下，其上云、用云的积极性将大幅度提高。医疗、交通行业的发展速度相对较慢，随着医疗行业云应用的落地，以及汽车云概念的兴起，未来其发展空间巨大。

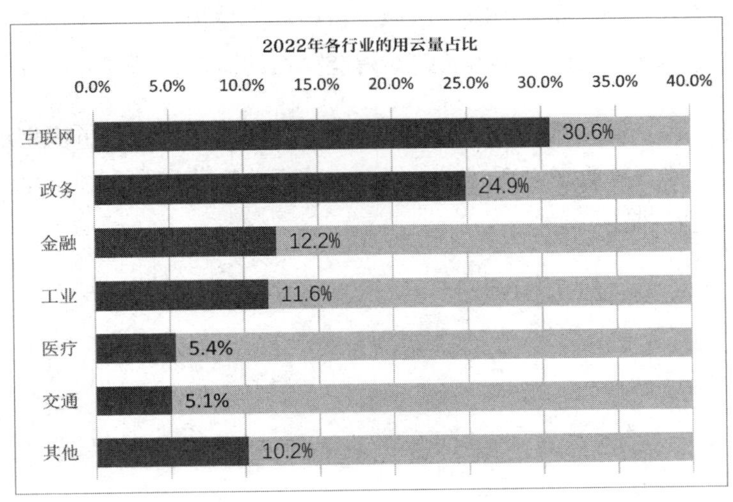

来源：中国信息通信研究院

图 1-6　2022 年各行业的用云量占比

3. AI 算力需求进一步驱动云计算发展

云计算作为人工智能（AI）发展的重要支撑，随着人工智能的繁荣，云计算产业链迎来新的变革。总的来说，云计算底层算力的支撑越强大，人工智能的发展动力就越强劲，云计算可以为人工智能的发展提供强大的数据和计算服务支撑，打破人工智能在深度学习领域的瓶颈，促进人工智能的发展。同时，人工智能的发展也可以帮助云计算优化中心系统的管理，提高云计算的运行效率，二者协同发展、相互促进。

2023 年年初，美国 OpenAI 团队发布了聊天机器人软件 ChatGPT，其凭借出色的语言理解和对话能力，迅速走红，引发新一轮 AI 与相关科技产业链的革命。云计算与 AI 相辅相成，密不可分。一方面，ChatGPT 的迭代与训练均离不开算力、数据和技术。在 ChatGPT 被广泛运用的背景下，底层基础设施（IaaS）将迎来新一轮增长，同时也将倒逼云服务商提高算力，从而满足海量数据调度的需求。另一方面，ChatGPT 的孵化也将反哺云服务商的 AI 能力，随着 ChatGPT 与云产品的加速融合，行业加速自动化、数智化发展的进程，产品竞争力得到进一步夯实，商业价值也将逐渐显现。

伴随ChatGPT这类AI大模型的诞生，建设智能算力的重要性再次被重申。近年来，智能算力对于提升国家、区域经济核心竞争力的重要作用进一步凸显。目前，国内智能算力规模高速增长，对智能算力的需求逐渐成为主流。

云计算与人工智能的融合发展有着极强的技术溢出效应，可以创造出更多的新产品、新服务、新业态、新模式，促进传统行业变革和数字经济增长，推动实现经济高质量发展。

第2章

数字化时代云计算发展与安全投入

数字经济是全球竞争的新领域及制高点，其所带来的变革不只是增量，更能撬动存量的转型。数字经济在国民经济中的占比不断提升，对经济发展的稳定、加速作用更加凸显。

联合国贸易和发展会议（UNCTAD）认为，中国和美国共同领导着全球数字经济发展。作为全球前两大数字经济体，中美两国数字经济占国民经济的比重不断提升。图 2-1 展示了 2018—2023 年中美数字经济规模占 GDP 的比重。2018—2023 年，中国数字经济规模占 GDP 的比重从 34.8% 上升到 43.0% 左右；美国数字经济规模占 GDP 的比重从 60.2%% 上升到 69.0% 左右。

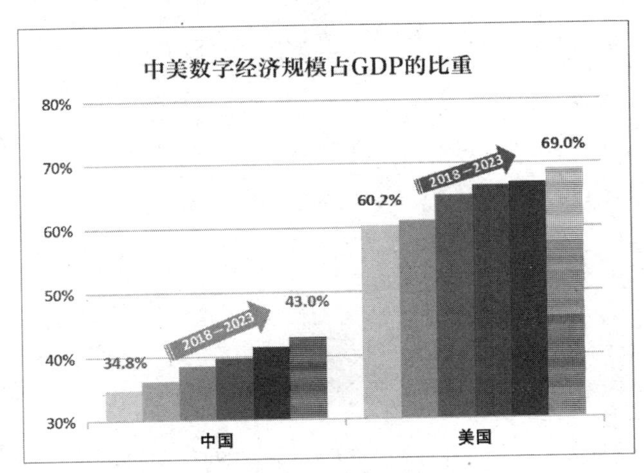

来源：基于中国信息通信研究院历年发布的报告整理

图 2-1 2018—2023 年中美数字经济规模占 GDP 的比重

中国和美国是全球数字经济发展的两大主体，两国各具优势。其中，美国数字经济规模稳居全球第一，在数字企业全球竞争力、数字技术研发实力等方面比较有优势。中国数字经济规模位居全球第二，数字产业创新能力不断提升，创新活跃度高。

从中美两国的绝对总体数据上看，中国数字经济还有巨大的发展空间。同时，为了支撑数字经济发展，需要加速发展核心的数字技术产业——云计算，更好地打通数字经济发展的“大动脉”。此外，为了保障数字经济安全发展，还需要加大安全投入。表 2-1 和表 2-2 分别展示了中国和美国的数字经济、云计算、网络安全产业的具体数据[1]。

表 2-1 中国数字经济及核心产业的市场规模和增速

中 国						
年份	数字经济（万亿元）		云计算（亿元）		网络安全（亿元）	
	市场规模	增速	市场规模	增速	市场规模	增速
2025E	71	15%	10140	30%	850	11%
2024E	62	10%	7800	30%	766	10%
2023E	56	11.6%	6000	34%	696	10%
2022	50.2	10.3%	4500	39.4%	633	3.1%
2021	45.5	16.2%	3229	54.4%	614	15.4%
2020	39.2	9.5%	2091	56.6%	532	11.3%
2019	35.8	14%	1334	38.7%	478	21.5%
2018	31.3	15%	962	40%	393	17.8%

1 数字经济、云计算、网络安全产业的市场规模和增速数据，均以中国信息通信研究院、经济合作与发展组织、世界银行、美国商务部经济分析局、中国网络安全产业联盟、咨询机构 Gartner、咨询机构 IDC 等权威机构发布的 50 余份报告及研究内容中的数据为基础，经过多维度对比测算整理。

表 2-2　美国数字经济及核心产业的市场规模和增速

美 国						
年份	数字经济（万亿元）		云计算（亿元）		网络安全（亿元）	
	市场规模	增速	市场规模	增速	市场规模	增速
2025E	140	8%	24428	18%	5070	8%
2024E	130	7%	20701	18%	4695	8%
2023E	121.2	8.1%	17544	23%	4347	8%
2022	112.6	8%	14280	20%	4025	3%
2021	104	12.5%	11900	23%	3908	10.5%
2020	92.48	4%	9656	23%	3537	5.8%
2019	89	5.6%	7848	22%	3342	14%
2018	84.3	7.8%	6460	16%	2933	13.5%

从总体差距上看，目前中美数字经济市场规模相差 1 倍以上。在云计算领域，中国占美国的 32% 左右；在网络安全产业上差距较大，中国占美国的 16% 左右。图 2-2 展示了在数字经济、云计算、网络安全产业规模上中国占美国的比重。

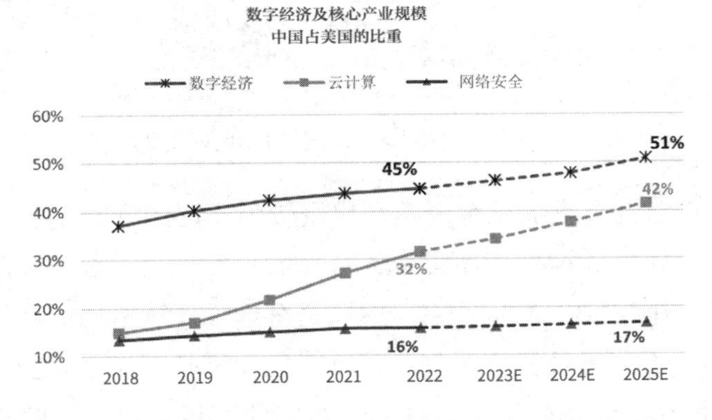

图 2-2　在数字经济、云计算、网络安全产业规模上中国占美国的比重

虽然在数字经济及核心产业规模的相对总量上，中国低于美国，但是在发展增速方面，中国持续领跑，与美国的差距逐步缩小。一方面，以云计算为代表的算力基础设施快速发展，成为数字经济发展的重要驱动力；另一方面，数字经济

发展需要安全建设提供支撑保障，安全产业的发展也将不断提升数字安全防护能力。综合来看，在国家战略持续推进、顶层设计不断完善的背景下，中国数字经济发展的春风已至，云计算持续发力，安全发展进入快车道。

2.1 中国云计算市场发展情况

云计算是数字经济的重点产业，为数字经济提供有力的基础支撑。随着数字经济的发展，全球云计算市场正在经历快速、系统性的变化。其中，美国是全球最大的云计算市场，占全球市场总量的40%以上。中国起步稍晚，但发展速度可谓突飞猛进，已成为仅次于美国的全球第二大市场。图2-3展示了2018—2025年中美云计算市场规模及增速的具体数据。

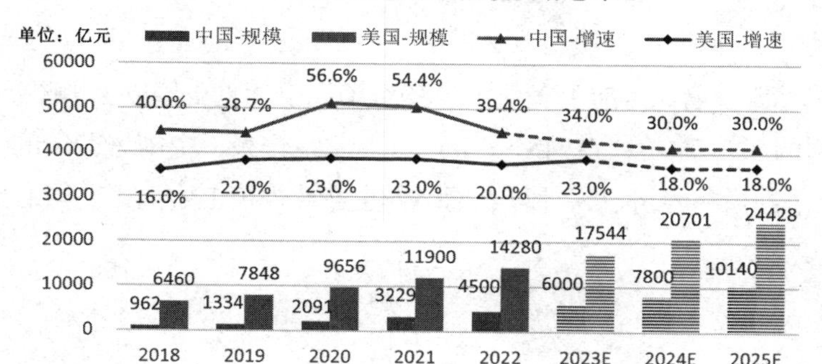

图2-3 2018—2025年中美云计算市场规模及增速

美国是全球云计算发展较为成熟和应用较为广泛的国家。2018—2022年，美国云计算市场规模从6460亿元增长至14280亿元，美国云计算市场已进入成熟阶段，市场增速稳定在20%左右。中国是全球云计算市场增速最快的国家。2018—2022年，中国云计算市场规模从962亿元增长至4500亿元，在2020年和2021年迎来超过50%的增长高峰后，2022年仍以39.4%的增速稳定增长。预计到2025年，中国云计算市场规模将超过10000亿元。

未来，中国云计算带着“全面取代传统IT”的使命，将迎来新的“黄金十年”，进入应用繁荣期。

从市场规模和增速来看，2022 年中国云计算市场规模约占美国的 32%。中国云计算市场处于黄金发展期，市场增速远高于美国，所以未来几年中美之间的差距将逐步缩小，预计到 2025 年，这一比例将增加到 42% 左右。

从产业发展路径来看，美国从 2006 年左右开始发展云计算产业，先后推出了《美国政府云计算技术路线图》《国防部云战略》等，从基础设施建设、标准制定、鼓励创新、生态搭建等方面为云计算产业发展提供了良好的环境。2011—2015 年，美国云计算迎来快速增长期，目前处于稳定期。相比较来看，中国云计算起步稍晚，2010 年左右迎来云计算的发展期，2018 年之后进入快速增长期，目前中国云计算进入高速增长的应用繁荣阶段。

依托数字经济的大背景，国家政策的支持、新型基础设施建设（简称“新基建”）和“东数西算”工程的推进，以及云计算技术的不断创新和成熟，都为云计算行业的发展提供了坚实的基础和广阔的前景。

在政策方面，近年来，国务院、工业和信息化部等部门发布了一系列政策标准。依托数字经济的大背景，新基建、“东数西算”等工程快速推进，云计算承担了类似于操作系统的角色，是通信网络基础设施、算力基础设施与新技术基础设施进行协同配合的重要结合点，大量政策利好为云计算发展带来了新机遇。

在产业方面，云计算开始从互联网渗透到政务、金融、制造业、交通、医疗等众多传统行业，伴随着各行业尤其是传统企业数字化转型的进程加速，政企上云将成为一个重要的发展趋势。随着传统政企上云格局的打开，云计算将迎来新一波的增长。

在技术方面，经过十多年的技术创新积累，中国云计算企业的核心竞争力和国际影响力也在持续提升，云计算的产品和技术日臻成熟，IT 领域的诸多创新发生于云上，这为云计算的爆发式增长奠定了基础。

未来，在多方利好因素的助推下，中国云计算产业将迎来黄金发展的十年。上云是企业数字化转型背后最大的推动力，能够促进信息技术与实体经济的深度融合，赋能传统产业升级，催生新产业、新业态、新模式，壮大数字经济发展。

2.2 中国网络安全投入情况

安全产业肩负着为数字经济发展保驾护航的战略任务。特别是云计算等新一代数字技术与传统行业加速融合，新技术、新应用、新模式不断涌现，安全形势愈发严峻，使得中美两国的安全投入不断加码，安全保障的全局性、基础性、关键性作用更加突出。

美国数字经济规模具有一定的优势，其安全战略也随之升级。2018—2022 年，美国网络安全市场规模从 2933 亿元增长至 4025 亿元。中国随着数字中国、网络强国的建设，安全发展进入快车道。2018—2022 年，中国网络安全市场规模从 393 亿元增长至 633 亿元，预计未来几年增速将进一步提升。图 2-4 展示了 2018—2025 年中美网络安全市场规模及增速的具体数据。

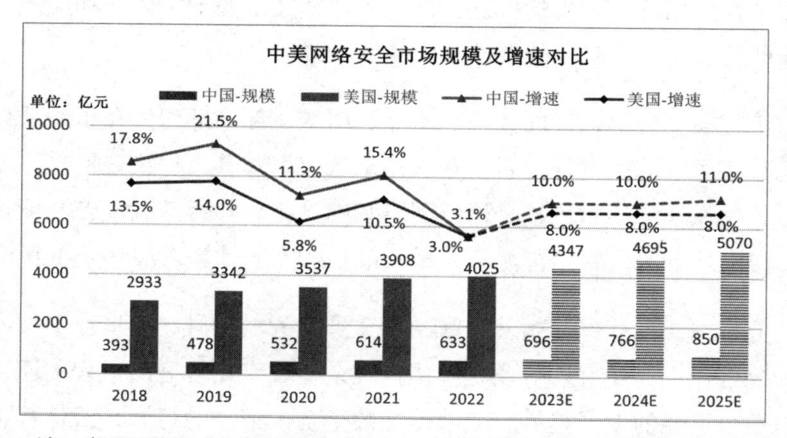

注：中国网络安全市场规模主要参考了中国网络安全产业联盟（CCIA）报告中的数据

图 2-4 2018—2025 年中美网络安全市场规模及增速

总体来看，美国凭借其技术优势和市场规模，在全球网络安全市场中占据领导地位。而中国通过政策的推动和市场潜力的挖掘，正迅速追赶并且发展潜力巨大。

1. 中国安全产业增长空间较大

从上述分析综合来看，美国高度重视网络安全，安全投入全球第一。当前中国安全产业规模为美国的 16% 左右，安全投入占 IT 投入的比重为美国的 10%，中国安全产业增长空间较大，具备长期稳增长、快增长的大逻辑。

从保障数字经济安全方面来看，数字经济已经成为新的经济增长点。在数字经济时代，数字化系统更加复杂、面临的安全威胁更加严峻，网络安全已经变成基础设施，而基础设施的好坏，与投资数额直接相关。2022 年 1 月国务院发布了《“十四五”数字经济发展规划》，在数字经济安全体系方面提出了三个要求：一是增强网络安全防护能力；二是提升数据安全保障水平；三是切实有效地防范各类风险。

2023 年年初，中共中央、国务院印发了《数字中国建设整体布局规划》，明确了安全的重要地位，其中将数字安全屏障和数字技术创新体系并列为强化数字中国的“两大能力”。此外，一些重点行业领域对安全投入也提出了更高要求。例如，电信等重点行业网络安全投入占信息化投入的比例达 10%，医疗卫生机构新建信息化项目的网络安全预算不低于项目总预算的 5% 等。一系列数字经济安全政策要求，彰显了安全在建设数字中国中的底板作用，因此安全产业也将随着数字经济的快速发展而持续增长。

从安全投入占比方面来看，中国提升空间较大。如图 2-5 所示，2022 年，中国安全投入占 IT 总投入的比重为 2.10%，美国安全投入占 IT 总投入的比重将近 21.00%，世界平均水平为 3.74%。从弥补安全投入差距的角度考虑，再加上数字化转型加速，我国网络安全产业拥有很大的增长空间。

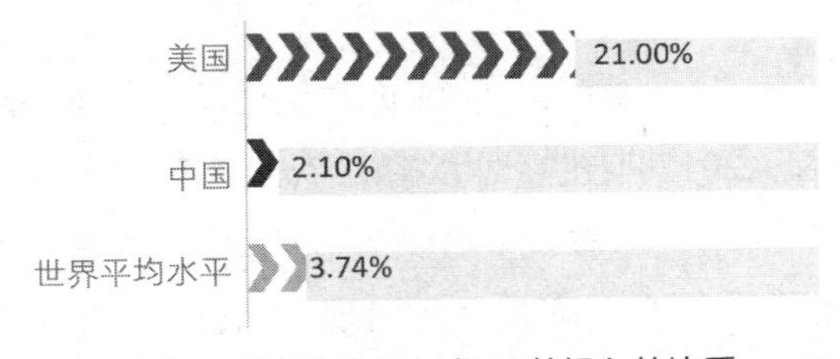

图 2-5 中美安全投入占 IT 总投入的比重

表面上看，安全是技术问题，但实际上可以用投资问题来概括。安全投入的多少决定着国家数字经济安全保障能力的高低。要实现数字中国、网络强国的建设目标，我国安全投入有待进一步强化。

2. 云安全迎来创新发展机遇期

安全产业属于伴生型行业，每一次 IT 基础架构的升级都会带动安全产品的升级和应用边界的拓宽，进而促使安全投资额度的增加。目前，以云计算为首的新兴技术快速发展，正在重塑网络安全的版图。在攻击方面，云架构使得攻击愈发复杂、威胁暴露面增加，给安全带来全新的挑战，促使安全保障升级。在安全建设方面，云计算作为IT的底座，逐步普及到各行各业，实现了敏捷开发与业务创新，而云原生技术架构的出现，将安全能力和云平台真正地合二为一，实现了业务和安全的融合。随着云计算市场的快速发展，云安全已成为实施云战略的重要保障，迎来了发展机遇期。放眼全球，云安全业务迅速扩张，成为细分安全领域发展增速的领跑者，如图2-6所示。

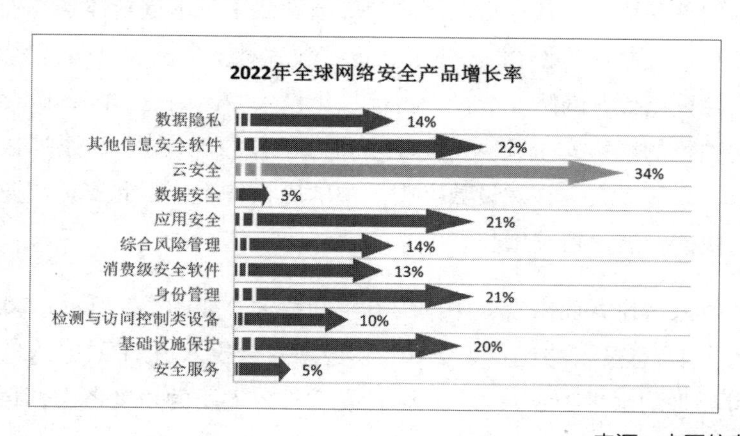

来源：中国信息通信研究院

图2-6 2022年全球网络安全产品增长率

在全球范围内，云安全一直在持续演进。从近几年的RSAC创新沙盒涉及的云安全发展方向来看，2018年热点是以容器安全为代表的基础设施安全，主要是解决云底层的安全问题；随着云业务的广泛开展，2019年云安全需求从基础设施扩展到平台层面，除了容器安全，还出现了API安全，PaaS技术成为热点；2020年热点从PaaS层面安全进入SaaS层面安全；2021年云安全热度稍微下降，其让位于数据安全和身份安全；2022年云原生安全受到关注，基于云原生的威胁管理、数字调查取证、云安全管理平台、资产管理成为热点。

总体来看，云安全作为云计算衍生的新安全理念，在持续创新发展和市场规模增长方面潜力巨大。

在云安全创新方面，云原生安全是当前全球云安全创新发展的主流方向。我国云计算产业的特点对云安全发展影响深刻，使得我国云安全产业在紧跟国际潮流的同时也呈现出自己的特点。国外云原生安全的主要方向是面向公有云，提供标准化的产品服务，满足合规要求。我国云安全创新发展在紧跟云原生大潮的同时，着重解决我国特有的安全问题，主要包括重点行业核心业务的上云安全问题和信创云安全问题。

基于云原生的安全改造成为解决重点行业核心业务上云安全问题的首选。一方面，通过安全原生化的云平台，既可以利用云计算的特性帮助组织规避部分安全风险，又能够将安全融入开发运营的整个过程中，向用户交付更安全的云服务；另一方面，借助原生化的云安全产品能够内嵌融合于云平台，解决云计算环境和传统安全架构割裂的痛点问题。

在信创云建设中，容器、Kubernetes（简称 K8s）等云原生技术应用不断增加。信创硬件本身的性能问题，导致原有的依赖虚拟机的云计算系统性能下降严重，而容器技术对性能消耗小，因此国内各大云服务商在信创云建设中开始应用 K8s 和容器技术，云原生安全将全面保障和推进我国信创云的安全发展。

在云安全市场规模方面，云安全市场发展具有一定的滞后性。同期云计算的市场规模往往是云安全的数十倍，而这一特点在全球市场上都有明显的体现。中国信息通信研究院发布的《云计算白皮书（2023 年）》显示，2022 年中国云计算市场规模为 4550 亿元（其中公有云为 3256 亿元，增速为 49.3%；私有云为 1294 亿元，增速为 25.3%），同比增长 40.9%，是同期国内云安全市场规模的 26 倍左右。Gartner 数据显示，2022 年全球云计算市场规模为 4910 亿美元，是同期全球云安全市场规模的 40 倍左右。两者的差距表明，未来云安全发展的市场潜力巨大。

近年来，我国云安全市场增速迅猛，占安全市场总体规模的比例不断上升。相关统计数据表明，当前中国云安全市场以 40% 左右的增速发展，2021 年市场规模达到 120.6 亿元，同比增长 46.18%。随着云安全行业的持续发展，未来增速更趋迅猛。预计到 2028 年，我国云安全市场规模将突破 700 亿元大关。

随着新一轮数字化浪潮的到来，数字经济蓬勃发展，云安全的基础保障作用和发展驱动效应日益突出。同时，伴随党政、金融、医疗、制造业、能源等行业的数字化转型，对云计算及云安全的需求持续增长。在多方促进的背景下，云安全市场发展空间巨大。

第3章 云带来的安全新需求与新挑战

云安全是云计算技术在安全领域的应用，也是安全技术在云计算领域的应用。云计算革命性地改变了组织的运营方式，为数据的存储、处理和共享提供了可扩展且经济高效的解决方案。随着越来越多的组织转向混合云应用，攻击者也意识到了这些变化，开始针对云进行攻击。云环境下的数字化发展，面临着新的风险与挑战。一方面，传统环境下的安全问题在云环境下仍然存在；另一方面，在云环境下又不断涌现一批新的安全问题，其中尤为突出的是云端威胁、云数据安全、云软件供应链安全以及人员安全隐患等挑战。

3.1 云环境攻击面管理难

在云环境下，攻击者可以更轻松地探测系统的脆弱点，使得云环境受到越来越多的攻击。攻击者通常会利用弱密码、配置错误和不安全的 API 等漏洞来发起云攻击，云端威胁已成为外部攻击面管理的重要领域。组织可以重点关注以下云攻击面管理。

- 错误配置与变更控制：每个组织都需要了解哪些数据被存储在云端，以及哪些人员和系统可以访问这些数据，从而更好地保护数据安全。仅依靠检查清单难以确保云数据的安全。因为云环境在不断变化，配置错误使得组织很容易受到攻击，并导致数据泄露。为了最大程度地减少云配置错误的风险，组织应实施严格的系统变更管理，包括请求、批准、验证和记录系统变更。

- 不安全的 API：很多组织都采用多云架构，拥有复杂的信息共享生态系统，其主要由应用程序接口（API）提供支持。这些 API 允许不同的应用程序交互访问。API 面临的安全威胁与其他 Web 应用程序的类似，例如不安全的授权 / 认证、不安全的密钥生成、过度数据暴露、缺乏速率限制等。如果不能有效地保护这些 API，那么黑客可能会利用这些接口进入组织环境，并通过 API 链接到其他资源。
- 用户账户失窃：如果用户与云资源进行交互，则需要创建和管理云用户账户。而此类用户账户失窃的风险较高，有多种方式可以将其破坏，包括社工技术、撞库攻击、暴力破解等。攻击者可以利用这些用户账户进入系统获取资源。
- 影子资产：随着将资源从组织内部迁移到云端，维护云端资产和系统的可见性变得更加困难。用户可以迅速配置和部署云资源，但常见的问题是用户未经 IT 管理部门批准就配置非授权系统、设备或应用程序。这些影子 IT 资源可能存在严重的安全漏洞，而组织并不知道它们的存在。
- 云原生应用威胁：云原生应用带来诸多新的安全挑战，导致攻击面呈指数级增长，包括可见性缺失、存在大量组件的攻击面、基础镜像漏洞、Serverless 权限设置错误，以及开源组件潜在的安全漏洞和许可证问题。

总结来说，在云环境攻击面管理上需要综合考虑多个方面，通过实施严格的变更管理、加强 API 安全措施和保护用户账户，可以有效地减少云环境受到的攻击风险。

3.2 云数据安全合规要求高

数据就像数字经济的石油，其重要性不言而喻。虽然云端可以提供比传统 IT 基础设施更高效、更稳定的运行环境，但也带来了数据安全合规的新挑战。一方面，云平台集中了大量核心业务和敏感数据，攻击者将云作为目标的动机明显增加，云平台和云上资产遭遇网络攻击的可能性大大提高；另一方面，复杂的网络环境、多种多样的终端以及云供应链等因素增加了云端数据保护难度，数据在云端流转和处理的全链路安全难以得到完全保障。云端数据在流动的过程中主要存在外部黑客攻击、内部越权访问、敏感数据外泄、核心数据被篡改、误操作导致数据丢失等风险，这些都会造成无可挽回的经济损失和核心竞争力缺失。

在云计算普及程度不断提高的今天，数据在云端的集中性与云上攻击威胁的增多，使得组织云上数据泄露的风险显著增加。根据调查，23% 的数据泄露是由于人为失误造成的，52% 是恶意攻击，25% 是由于系统故障导致的。数据泄露所带来的经济损失是组织面临的最直接、最严重的后果之一。

近些年来，我国出台了《中华人民共和国数据安全法》《中华人民共和国个人信息保护法》《数据出境安全评估办法》来保护数据和个人信息安全。

- 《中华人民共和国数据安全法》：该法明确了数据安全主管机构的监管职责，建立健全了数据安全协同治理体系，提高了数据安全保障能力，促进了数据出境安全、自由流动，促进了数据开发利用，保护个人、组织的合法权益，维护国家主权、安全和发展利益，让数据安全有法可依、有章可循，为数字化经济的安全健康发展提供了有力支撑。
- 《中华人民共和国个人信息保护法》：个人信息保护构成了数字社会治理与数字经济发展的基本法，牵动着万千公众的切身利益，也关涉企业对于个人信息的合理利用与规范发展。个人信息保护法自启动立法以来，受到了社会的广泛关注。本法的颁布与实施，为个人信息处理活动提供了明确的法律依据，为个人维护其个人信息权益提供了充分保障，为企业合规处理提供了操作指引。
- 《数据出境安全评估办法》：随着数字经济的蓬勃发展，数据跨境活动日益频繁，数据处理者的数据出境需求快速增长。明确数据出境安全评估的具体规定，是促进数字经济健康发展、防范化解数据跨境安全风险的需要，是维护国家安全和社会公共利益的需要，是保护个人信息权益的需要。本办法规定了数据出境安全评估的范围、条件和程序，为数据出境安全评估工作提供了具体指引。

随着法律法规的不断完善、监管要求的不断提高，组织保障数据安全的合规合法刻不容缓。组织必须认识到在云计算时代数据安全合规的新特征，重点强化云端数据安全体系建设，从而保障安全地存储和处理海量敏感数据。

3.3 软件供应链威胁复杂多变

云计算革命性地改变了组织的运营方式，为数据的存储、处理和共享提供了可扩展且经济高效的解决方案。然而，云计算的快速发展，也带来了新的安全问题，尤其是涉及软件供应链安全的问题。

从 2022 年开始，云威胁形势发生了巨大变化，越来越多的威胁行为者针对云服务商和供应链的关键漏洞进行攻击。同时，软件供应链攻击的规模和复杂性不断增加，如 SolarWinds 事件，以及 Apache 的 Java 日志库中的 Log4Shell 漏洞等。攻击者正在将供应链攻击扩展到云计算领域。例如，2022 年 3 月，臭名昭著的勒索软件团伙 Lapsus 发布了一份声明，声称他们通过获取管理账户的访问权限成功侵入了身份管理平台 Okta。Okta 是一种基于云的软件，数千家公司使用它来管理和保护用户认证流程，开发人员也使用它来构建身份控制。这意味着全球数十万用户可能会受到 Lapsus 攻击的影响。

一般而言，在云环境中发现的供应链威胁类型与本地环境中的威胁类型并无太大的差异。其真正的区别在于云环境的可见性和控制权限，这些威胁的表现形式存在差异，详细内容如下。

- 基础设施即代码（IaC）供应链威胁：在大型云环境中，用户可能会使用 IaC 平台或云服务商提供的配置文件来实现自动化基础设施配置。如果这些配置包含不安全的访问控制风险，那么这些风险将通过供应链传递到用户环境中。
- 开源软件中的恶意代码问题：开源软件可供任何人使用和修改，这使得开源项目容易受到恶意行为者的攻击——他们可能会试图在软件中引入漏洞或恶意代码。其中一种方式是向项目的代码存储库中提交恶意的代码更改，这可能会危及任何使用了该代码的软件的安全性。
- CI/CD 管道遭遇入侵或工具配置错误：持续集成 / 持续交付（CI/CD）管

道包括各种工具和流程，如代码存储库、构建服务器、测试框架和部署工具等。如果攻击者能够在未经授权的情况下访问这些工具或流程，则会在构建和部署的软件中引入漏洞或恶意代码。

- 云控制能力和可见性差：组织在使用云服务商管理的开发工具或服务时，不会直接访问托管这些工具或服务的基础设施。因此，这要求云服务商必须实施有效的安全保护措施，并持续监控和定期进行安全审计，确保基础设施的安全性。

虽然云环境中的供应链威胁类型与本地环境中的威胁类型在本质上可能相似，但由于云环境的特殊性（如可见性和控制权限等），对这些威胁的具体表现形式及影响方式需要特别注意和处理。

3.4 人为错误导致的安全隐患防不胜防

在数字化时代，云计算已经成为组织实现业务的灵活性、可扩展性和提高效率的核心工具。然而，在利用云计算的优势时，云安全中人的因素不可忽视。组织新业务、新技术层出不穷，新的安全风险随之而来，给组织安全建设带来巨大压力。一方面，组织安全技术人员短缺，员工安全意识不足问题突出；另一方面，云上系统越来越复杂，人为操作配置错误或内部恶意行为等威胁不断。

- 安全技术人员短缺。安全技术人员短缺问题一直存在，云计算的出现进一步加剧了这一问题。具备云安全专业知识，并且对相关技术（如DevOps、大数据和虚拟化）有深入理解的人才稀缺，给组织云安全建设带来了巨大挑战。

- 员工安全意识不足。许多组织在采用云计算时未对员工进行足够的安全培训和教育，导致他们无法正确识别和应对云环境中的威胁，成为攻击者的入口点。例如，网络钓鱼攻击是最常见的手段之一，其通过发送伪装邮件欺骗员工以获取敏感信息。另外，员工通常重复使用弱密码或将凭据写在便签上，使得攻击者可以轻易地窃取或破解密码，导致数据泄露。因此，加强员工的安全意识，并定期更新和保护特权账户的密码是确保云环境安全的重要步骤。

- 人为操作配置错误。即使安全技术人员具备必要的知识和经验，但在云环境中操作时，也可能会由于疏忽、疲劳等而犯下错误，导致敏感数据泄露、配置错误、访问控制不当等安全漏洞。因此，建立严格的流程和审查机制，并采用自动化工具来减少人为错误至关重要。
- 内部恶意行为。内部威胁是组织面临的一大安全隐患，在云环境中，检测内部恶意行为更加困难。随着云的部署，组织无法控制底层基础设施，许多传统安全措施效果减弱。加之云基础设施可直接从公网访问，且常遭受安全配置缺陷威胁，检测内部威胁难上加难。

总之，在云安全中，技术人员短缺、安全意识不足、人为失误、内部恶意行为是需要关注和应对的重要问题。通过专业的培训和招聘具备云安全专业知识的人才，提高员工的安全意识，建立严格的流程和审查机制，并采取适当的权限管理和监控措施，可以更好地保护云环境免受各种威胁。

第4章

云安全建设原则与基础要求

进入云和数字化时代，组织的数字化转型进入深水区，不仅需要通过云上开发提升数字化业务能力，更需要保护组织的云应用程序和数据免受安全威胁与攻击。为此，在人员、技术、流程等方面都需要遵循一定的原则。下面将详细介绍在云安全建设中组织领导者应该承担的责任，以及云安全建设原则和云安全方案的基础要求等内容。

4.1 一把手责任制

在数字化时代，安全和风险管理是高层管理者的共同责任。越来越多的组织设立首席信息安全官（CISO）来确保数字化业务的可用性、安全性、隐私性。这也给担任CISO角色的人带来真正的挑战。如图4-1所示，在整个数字化业务中，CISO的责任不仅是预防风险，还要平衡安全与业务的同步发展。

在数字化时代，CISO需要在熟悉业务的基础上，打造云安全主动防御体系，并通过适用于云的安全体系来应对云上安全风险。最重要的是要积极采用人工智能，实现高效的自动化，解决人才短缺的难题。

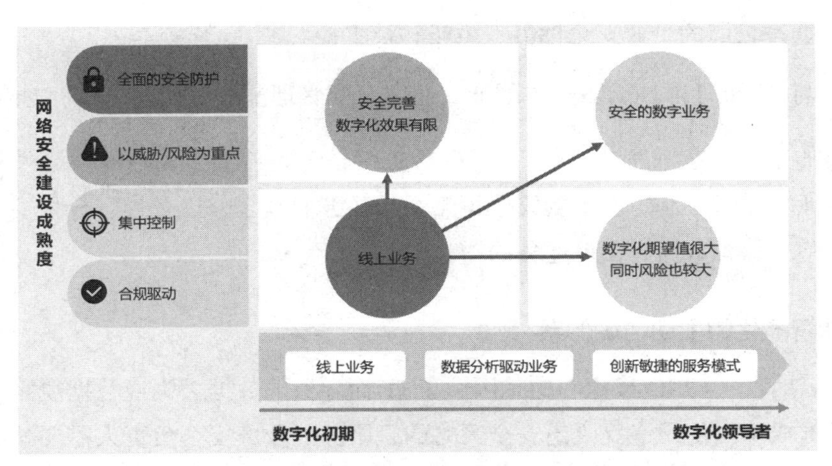

图 4-1　CISO 要平衡好数字化转型和网络安全建设成熟度的关系

1. 了解业务并支持业务发展

通常，人们认为 CISO 会专注于预防风险，并且会阻碍业务效率的提高和业务目标的完成。而在数字化时代，CISO 需要将安全与业务融合发展。与传统规避风险的做法不同，云时代的 CISO 需要寻找更好的方法来降低风险、应对威胁和满足合规要求，同时支持业务的增长。这就需要缩小 IT 操作（解决信息管理问题）、安全操作（降低风险、保护数据并实现合规）和 DevSecOps（缩小暴露和补救工作之间的差距）之间的差距，平衡安全与业务。CISO 的关键任务包括以下几个方面。

- 了解业务，成为能够满足安全、风险、隐私、合规和数据完整性需求的可信赖的业务安全专家。
- 制定针对欺诈、数据泄露、威胁与风险的规避策略。
- 为员工、客户、合作伙伴、数据、应用程序和基础设施实施安全控制策略。
- 针对新出现的威胁，开发检测、响应、补救程序。
- 确保团队和云服务商遵循安全责任共担模型。
- 协助审查所有可能会获得企业信息，特别是敏感数据的第三方服务商。
- 与监管团队合作，定义、实施流程和技术，实现合规目标。

- 拥有自己的企业安全标准、策略和技术栈。
- 与 IT 部门和 DevSecOps 团队一起定义和管理漏洞、配置、补丁响应程序。

总的来看，在数字化时代，CISO 的关键任务是使安全与业务融合发展，通过理解业务需求、制定有效的安全策略、与各方紧密合作以及遵守合规要求，来降低风险、保护数据并支持业务的增长。

2. 打造智能化的主动防御体系

在云时代，CISO 最担心的是因影子 IT 而导致的数据丢失或数据泄露，包括未经批准或不当使用违反既定安全策略的云服务。业务安全负责人需要减少风险事件发生的可能性，并减轻攻击的影响，而 CISO 应该倾向于主动事件预防，保护关键的云服务、数据中心、基础设施和边缘资产，实现对安全事件的预防、检测、响应、恢复的闭环管理。为此，CISO 可以采用自动化管理解决方案，并优先解决数据安全问题。同时，可借助机器学习和行为分析能力更有效地识别不兼容或配置错误的云服务风险。这种能力可以帮助 ITOps、SecOps 和 DevSecOps 团队更好地参与战略规划，实现安全与业务的融合发展。

3. 构建适合组织风险偏好的安全体系

组织面临日益复杂的云安全挑战，CISO 扮演着重要的指导作用。网络空间易攻难守，组织的安全防御需要持续成功，而攻击者只需要成功一次。在云时代复杂的网络安全环境中，安全事件不可避免。对于 CISO 来说，重要的问题不再是“组织是否安全”，而是“安全态势是否在可接受的范围内”。如果安全措施过于严格，那么组织的效率就会受到影响；如果安全措施过于宽松，那么组织很容易就会成为攻击的目标。CISO 应对网络安全攻击的标准化动作如图 4-2 所示，对组织的安全态势需要综合考虑，包括减少攻击的可能性，以及在攻击成功时减少伤害。

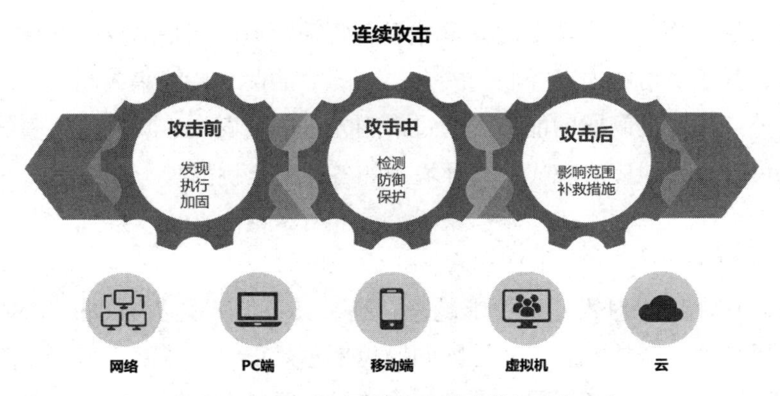

图 4-2　CISO 应对网络安全攻击的标准化动作

目前，虽然安全技术得到了长足发展，但黑客也变得更加专业，而且装备精良。许多黑客使用现代技术快速开发应用程序，并可轻松地获取通用的、现成的恶意代码。如果组织仍然使用零散采购的传统安全工具，则必然无法打造可靠的防御体系。CISO 必须使用先进的云安全工具，并以整体协同能力构建更全面的安全体系。其具体关注以下 5 个问题。

- 该安全体系能否阻止网络边界的威胁？位于网络边界的设备更容易成为攻击的目标。因此，在潜在攻击者有机会访问核心系统之前，防止边缘未经授权的访问至关重要。
- 该安全体系能否保护远程访问的安全？在云时代，移动办公成为主流，员工可以在任何地方、任何时间、任何设备上进行工作。因此，安全体系应该保护远程访问的安全。
- 该安全体系能否进行基于身份的访问控制？在云时代，随着网络活动数量和种类的不断增加，身份和访问管理成为重大问题。
- 安全架构是否足够简洁并能够持续集成？复杂性不再是衡量安全有效性的标准，并且组织需要在不改变底层架构的基础上，持续集成新的安全能力。
- 通过该安全体系能否快速发现并有效控制安全问题？安全告警应该包含攻击链路的详细信息以及具体的响应方式。

总结来说，构建一个全面的安全体系需要综合考虑网络边界的防御、远程访问的安全、基于身份的访问控制、安全架构的简洁性与持续集成能力，以及快速发现并有效控制安全问题的能力。通过采用先进的云安全工具并打造整体协同能力，组织可以更好地应对现代网络环境中的各种安全挑战。

4. 解决人才短缺和人为风险问题

在云时代，组织对人才的要求越来越高，其不但要具备 ITOps 和 SecOps 的能力，还要具备安全技能。人才短缺问题越来越严重。一方面，由于缺乏有效地识别与管理风险的工具和流程，人为导致的云配置错误漏洞成为云上最突出的安全风险。因此，CISO 需要通过智能化工具，提高识别高风险配置行为的能力，并在应对网络攻击和内部威胁的过程中，提高对风险的可见性，解决人为风险问题。另一方面，组织可利用人工智能，特别是机器学习和深度学习，通过关联大量不同的日志和信息源，做到快速、精准地识别变化和异常行为，消除过多的事件告警噪声和重复的任务，减轻人员的负担。

4.2 云安全建设原则

在云安全发展进入新阶段的背景下，要进行有效的云安全建设，首先应确定一些关键原则。这些原则将成为组织构建云安全框架的基石，是组织云安全项目的高级指南，可以将它们看作组织的价值观或指导方针。因此，在考虑技术解决方案之前，确定并遵循这些原则对于实现云安全至关重要。

1. 云安全责任共担原则

云安全责任共担模型是云服务商和云服务客户共同遵守的原则，它明确规定了云服务商和云服务客户要共同分担的云安全责任。云安全责任共担模型如图 4-3 所示，其展示了在不同的云服务模式下，云服务商和云服务客户需要承担的安全责任。

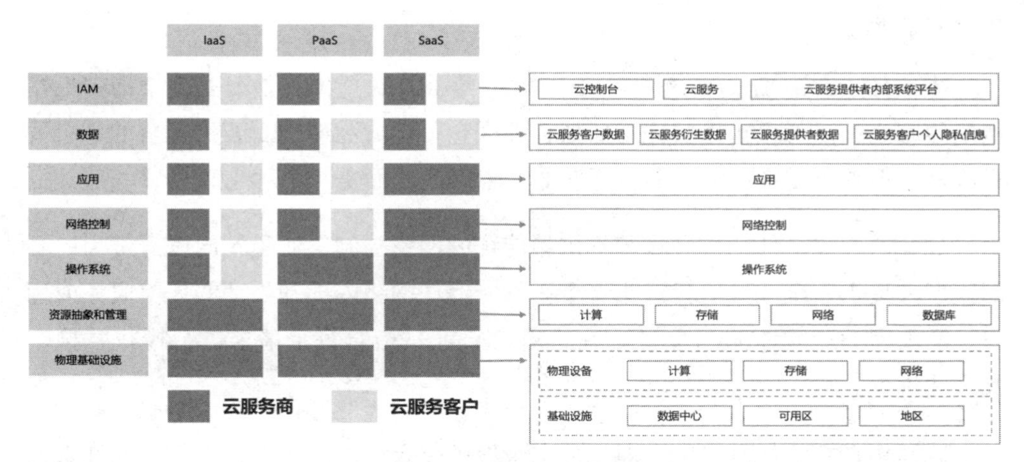

图 4-3　云安全责任共担模型

云安全责任共担模型有助于明确各方在云环境中的安全职责，减少因责任不明确而导致的安全问题。同时，它也鼓励云服务客户主动设计和实现充分的安全控制，以应对可能的安全威胁。

- IaaS 模式：物理基础设施安全、资源抽象和管理安全由云服务商负责；网络控制安全由云服务客户负责；操作系统安全、应用安全、数据安全、IAM 安全由云服务商和云服务客户共同负责。
- PaaS 模式：物理基础设施安全、资源抽象和管理安全、操作系统安全由云服务商负责；网络控制安全由云服务客户负责；应用安全、数据安全、IAM 安全由云服务商和云服务客户共同负责。
- SaaS 模式：物理基础设施安全、资源抽象和管理安全、操作系统安全、网络控制安全、应用安全由云服务商负责；数据安全、IAM 安全由云服务商和云服务客户共同负责。

总之，云安全责任共担模型明确了云服务商和云服务客户在确保云安全方面的职责。这需要双方通力合作，遵循最佳实践，不断进行监控和改进。只有云服务商和云服务客户尽职尽责，云环境才可能真正安全、可靠。

2. 零信任原则

零信任（Zero Trust）这一术语于2010年被首次提出，是云安全架构中最基本的原则之一。如果正确实施零信任，那么它可以成为影响云架构安全的一个关键因素。但首先需要澄清：零信任并非一个产品，而是一个理念。

如其名，零信任的核心在于不依赖传统的网络控制，而是转向以身份为中心的模型来提供安全性。这就意味着企业不能信任网络内部和外部的任何服务或用户，需要对每个请求进行验证。在这里，验证是指对每个请求进行授权并检查其合法性。

因此，在零信任网络中，即使一个身份位于企业网络之内，也不会允许来自该身份的请求直接通过，而是会对每个请求进行详细检查以确保其安全性。在零信任模型中，“身份”可以指代用户、应用程序、云服务等。零信任方式如图4-4所示。在零信任领域，访问决策将基于一种集中的、以身份为中心的策略，通过动态评估每个请求的上下文来授予访问权限。用户的位置、设备、时间、风险评分等因素都会被评估，并且身份本质上成为一个允许或拒绝访问的防火墙。

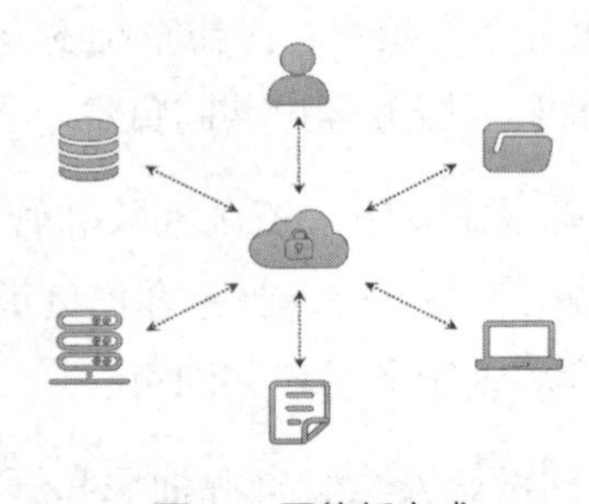

图4-4 零信任方式

通过关注身份验证并实施相关控制，无论人员来自何处，使用何种设备，安全性都能得到保障。下面介绍常见的控制措施。

- 多因素验证：以多种方式验证用户身份，提高安全性。
- 基于上下文的控制：根据位置、设备、行为等动态制定策略，灵活管控。
- 风险评分：评估用户行为风险，有助于确定访问控制措施。
- 单点登录：简化用户登录流程，联合管理多个系统的访问权限。

在零信任原则中，确定网络上每个用户或用户组应具备的权限本身就具有挑战性。云及云原生环境日益复杂，使得应对这个挑战更加困难。许多组织的业务环境跨越多个云平台，每个云平台都有自己的访问控制和审计机制。访问权限管理是一个复杂的过程，而且必须在便利性与安全性之间进行权衡。权限过于严格会影响生产力，权限过于宽松则难以实现有效的数据保护。

3. 安全即代码原则

开发人员可以借鉴安全即代码的实践来节省时间并提高生产力，这在应用程序开发过程中非常有用。但这并不意味着开发人员必须花费数小时编写大量的代码。相反，它意味着开发人员需要了解如何使用适当的工具和技术将安全性直接嵌入代码中。在云计算环境中，存在许多需要编码的情况，下面介绍几个典型的例子。

- 基础设施即代码：基础设施即代码（IaC）是大多数云环境的核心概念之一。IaC 的基本思想是使用代码模板来定义和管理基础设施资源，然后通过自动化工具将其部署到云环境中。这样可以实现快速、可重复部署，并能够对基础设施进行版本控制和审查。
- API 调用：在云计算中，API 扮演着关键的角色，用于执行各种操作和交互。无论是通过命令行工具还是编程语言，用户都需要调用云服务的 API 来管理和操作资源。理解如何正确使用 API 以及保护其安全性，对于云安全专业人员来说至关重要。
- Serverless 计算：Serverless（无服务器）计算是云计算的一种模型，它允许开发人员只关注编写特定功能的函数代码，而无须关心底层的服务器和基础设施。在 Serverless 环境中，安全责任主要集中在函数代码上，因此了解如何编写安全的 Serverless 函数是云安全专业人员的核心能力之一。

综上所述，无论是从基础设施即代码、API 调用还是 Serverless 计算的角度来看，云安全专业人员都需要掌握编码技能并具备将安全性直接融入代码的能力。这将使他们更加熟悉云环境的操作模型，并能够有效保护云工作负载的安全性。

4. 纵深防御原则

纵深防御最初是一个军事术语，用于定义一种防御策略。这种策略通过在关键资产周围布置多层防线和次要资产来保护关键资产，类似于历史上建造城堡的方式，即使攻击者成功突破多层防线，也可以确保关键资产的安全。如今，这个术语被广泛用于多层安全防护中。

相比单一的防护层，实施纵深防御的网络具有多层安全控制措施。在理想情况下，这些控制措施的分层方式能够为组织提供最佳的风险防护，同时能够检测控制措施失效的情况。纵深防御大大增加了攻击者成功入侵网络的时间，提高了攻击的难度和代价，同时增加了识别和减少攻击活动的机会。总之，纵深防御是一种有效的网络安全策略。

当然，实施基于纵深防御的云安全解决方案也存在巨大挑战。首先，云计算资源不在客户的控制之下，实施安全控制依赖云服务商。不同的云服务模式（IaaS、PaaS 和 SaaS）对应不同级别的客户控制，增加了复杂性。其次，跨不同的环境管理多种技术和控制措施会增加管理的复杂性和安全风险。尽管如此，但是通过合理的规划和管理，纵深防御可以最大限度地减少云端的安全风险。

4.3 云安全方案的基础要求

为了实现全面的云安全能力建设，组织在选择技术方案时需要考虑以下几个重要特性和标准，全面评估其效能。

1. 支持混合云安全保护

在多云架构环境中，组织在选择相关技术解决方案时，必须保证该方案能够实现零信任安全策略，通过零信任控制工作负载之间的访问流量，并防止威胁的横向移动。同时，安全人员需要完全控制应用程序的使用，能够设置策略。在默认情况下，组织采用数据中心和混合云环境的安全技术方案，必须能够根据所有端口上的应用程序对流量进行分类，从而减轻安全人员了解每个应用程序使用公共端口情况的负担。而且，采用该方案必须能够提供对应用程序使用的完整可见性，以及理解和控制其功能。图 4-5 展示了确保应用程序合规使用的情况。例如，采用相关云安全技术解决方案，应该了解对应用程序功能如音频和视频、远程控制和发布等的使用情况，并能够对其执行细粒度控制。通过持续控制和跟踪监控状态，可以了解每个应用程序可能支持的功能，以及存在的相关风险。

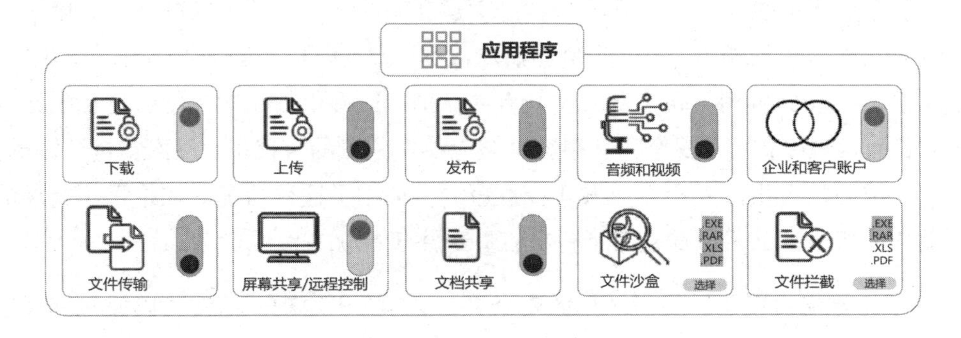

图 4-5　确保应用程序合规使用

获得应用程序的完整图景，对于在混合云环境中交付正确的安全策略至关重要。应用程序的可见性和控制策略使得组织能够降低配置风险，从而减少攻击面。在任何数据中心，流量分类都很重要。在混合云环境中，通常没有为虚拟机和应用程序工作负载在本地环境与云环境之间的通信设置适当的控制策略，也没有进行风险分析。通过机器学习不断适应数据模式和配置环境变量，有助于进行准确的流量分类。然而，这种级别的分类具有挑战性，组织可以适当采用。

2. 支持统一的安全策略管理平台

通常每个安全产品都带有自己的管理平台，安全人员必须使用不同的管理系统进行安全配置。但是这些产品缺少数据共享能力，这使得安全配置变得复杂，大大增加了 IT 团队的压力。组织需要通过一个管理平台，实现跨多个数据中心统一的策略配置和管理能力。例如，组织可以使用一个控制台查看所有的网络流量、管理配置，推送覆盖所有云环境的策略，以及生成关于流量模式或安全事件的报告。安全人员通过安全态势报告能够快速深入地了解网络、应用程序和用户的行为，以便做出明智的决策。同时，对于统一的安全平台功能，需要采用云交付模式，这样安全体系就可以随着云的变化不断扩展安全功能，以防止受到各种未知威胁的影响。在不断变化的威胁环境中，采用单一云安全供应商无法应对广泛的安全和业务需求。在这种情况下，与第三方和云服务商进行数据集成至关重要。在评估云安全供应商时，必须评估其产品能力的集成性、可扩展性和可编程性。

3. 支持自动化安全能力

目前，大多数组织都存在安全技能不足和安全专业人才短缺的问题。由于日常安全操作过于依赖人工流程，例如追踪数据、调查误报告警和管理补救措施等，如果采用手动分析和关联大量的安全事件，则会减慢事件响应速度，增加出错的机会，而且难以扩展。安全团队很容易被淹没在大量的警报中，从而错过关键的、有重大威胁的警报。安全专业人才日益短缺，加剧了这种情况。如果采用精准的自动化分析，那么可以简化日常任务，并专注于高优先级的业务。

- 工作流自动化。组织选择的安全平台必须公开 API，以便可以使用其他工具和脚本进行编程。此外，还可以通过 API 自动在安全生态系统中的其他设备上启动工作流。
- 策略自动化。组织选择的安全平台必须能够使策略适应环境中的任何变化，例如跨虚拟机的应用程序迁移。此外，还必须能够从第三方获取威胁情报，并自动根据该情报采取行动。
- 安全自动化。在组织的云环境中必须能够发现未知的威胁，并为安全平台提供保护，以便自动阻止新的威胁。

云端的数据资产中可能隐藏一些威胁，通过跨多云环境和部署类型深入研究这些数据，组织可以发现这些隐藏的威胁。通过自动化，组织可以准确地识别威胁，实现快速预防，提高效率，并改善安全态势。

4. 全方位支持创新安全能力集成

扩展或集成新的安全技术是一项艰巨的任务。组织每次需要利用一种新的安全技术时，都要消耗时间来部署额外的硬件或软件。组织需要投入更多的资源来管理不断扩展的安全基础设施，以保持安全能力领先于攻击者，防止威胁的发生。

近年来，随着各行业上云步伐的加速，云原生技术得到广泛应用。云原生引入了大量新的基础设施，安全防护对象发生了颠覆性变化。其中，容器及容器云逐渐成为工作负载的主流。容器还带来了相关新技术，比如镜像的使用和管理、新的应用运行时的环境配置、新的通用网络接口等。这些新技术会带来新的安全问题，比如容器逃逸、基础镜像安全、微服务框架安全等问题。另外，随着云原生技术的不断发展，应用部署模式已逐渐趋向于“业务逻辑实现与基础设施分离”的设计原则。Serverless 架构完美诠释了这种新型的应用部署模式和设计原则，并开始得到广泛应用。

为了解决这些新技术应用带来的新的安全问题，组织需要扩展安全能力。例如，针对容器和 Serverless 技术的应用，组织需要建立相应的安全能力。如果组织选择的安全平台可以快速扩展或集成第三方安全能力，那么就可以快速采用新的安全创新技术，而无须部署或管理无穷无尽的新设备。同时，安全团队能够在不同的应用程序之间进行协作，共享威胁信息的上下文和智能分析，并通过深度集成的应用程序驱动自动响应和策略统一执行。通过这种方式，组织可以使用最佳技术解决最具挑战性的安全问题，并且无须为每个新功能都部署新的基础设施，降低了成本和减轻了操作负担。

5. 支持构建全面的威胁防御能力

在云时代，威胁已经演变成智能的、有针对性的、持久的、多阶段的入侵。威胁是通过动态跳转端口、使用非标准端口、在其他应用程序中使用隧道，以及隐藏在代理、SSL 或其他类型加密中的应用程序来传递的。在数据中心内，通过在工作负载之间执行应用程序级别的控制，同时基于零信任原则实现数据中心流量的隔离，可以有效减少威胁。此外，组织还将面对有针对性的、定制的恶意软件，这些恶意软件很难被传统的基于端口的防火墙和防病毒软件发现。虽然组织越来越多地部署虚拟沙箱进行动态分析，但是攻击者已经具备了规避该类分析的方法。随着地下网络犯罪的发展，攻击者即使是新手，也可以使用即插即用的工具来轻松识别和避免恶意软件分析环境。传统的反恶意软件安全工具有其局限性，它只能防止那些已经被检测到和分析过的恶意软件。这为恶意软件创造了一个机会窗口。

为了解决这个问题，组织选择的云安全技术方案应该提供对未知威胁的防御能力。组织通过云平台集成的安全服务，应该能够自动阻止已知的威胁。对于未知的威胁，组织需要选择一种技术方案，对网络攻击生命周期中的所有点进行检测。通过一个集成的安全技术平台，组织可以免受已知的漏洞利用、恶意软件、命令和控制（C2）活动的攻击，而不需要再管理和维护多个单点功能设备。首先，该平台可以实现自动更新恶意软件签名，使安全事件响应团队节省了时间。利用机器学习、动态分析等多种分析方法检测未知威胁的安全技术平台，能够实现高保真、抗规避的威胁发现。其次，该平台应该使用基于内容的签名来检测变体、多态恶意软件或 C2 活动。再次，基于出站通信模式分析的 C2 签名是更有效的保护措施，在自动创建时可以以机器速度进行扩展。最后，云交付的安全基础设施对安全执行至关重要。它支持通过网络、端点和云进行大规模的威胁检测与预防，并可以集成更开放的技术生态系统。

第5章

基于责任共担的云安全评估

云环境比传统的计算环境更复杂。基于云安全责任共担模型，云服务商和云服务客户需要负责保护各自职责范围内的不同组件。因此，云服务客户需要通过强有力的云安全评估和监控实践，了解组织自身及云服务商实施的安全控制措施是否有效。

云安全评估和监控是一项共同的责任，但是基于不同的部署模式和服务模式而有所不同。在基础设施即服务（IaaS）模型中，云服务客户需要负责更多组件的安全性，确保安全控制措施的有效性。在平台即服务（PaaS）和软件即服务（SaaS）模型中，云服务商需要负责更多的安全控制，组织需要评估云服务商的安全能力，以确保安全控制措施得到有效的实施和执行。本章将详细介绍在云安全责任共担的基础上，如何评估云服务客户自身和云服务商的安全能力，以及安全控制措施的有效性。

5.1 云服务商安全能力评估

根据云安全责任共担模型，在云安全评估中，云服务商应记录云服务客户所使用的云服务应用程序，帮助组织了解其责任范围内的安全控制；提供独立第三方或监管机构出具的认证证书，证明其安全能力及合规性；在合同期限内定期证明其符合监管政策安全要求，并实施持续的监控活动；为云服务客户提供有关在云平台上安全部署应用程序和服务的信息；持续监控云环境，以检测安全状况的变化，并报告安全态势和安全风险事件。本节将介绍评估云服务商安全能力的整体方法和流程。

5.1.1 国内外云服务商第三方安全评估

大多数云服务商都要经过第三方评估和合规性审核。这些审计为组织提供了安全控制情况及其具体的能力认证。下面将介绍几种国内外重要的面向云服务商的第三方评估方法。

1. 云计算服务安全评估

为了进一步加快云计算服务的安全评估工作，中央网信办联合国家发展改革委等四部委发布了《云计算服务安全评估办法》，正式确定我国的云计算服务安全评估制度。为了推动我国云计算服务安全评估制度的有力执行，成立了云计算服务安全评估工作协调机制办公室和云计算服务安全评估专家组，并指定相关单位负责具体的管理工作。

2. 网络安全等级保护测评

随着包括云计算在内的新技术、新应用的快速发展，网络安全等级保护进入2.0时代，其中针对云计算个性化安全保护的需要，在安全通用要求的基础上提出了云计算安全扩展要求，云平台的网络安全等级保护测评工作落地且变得更为科学。各云计算服务平台纷纷结合自身实际情况开展网络安全等级保护测评工作。

公安部主管网络安全等级保护工作，主要负责监督管理。牵头司局是公安部网络安全保卫局，实施机构是经省级以上网络安全等级保护工作领导小组办公室审核推荐的等级保护测评机构。

3. 可信云评估体系

可信云是中国信息通信研究院下属的云计算服务评估品牌，也是我国针对云计算服务构建的权威评估体系。可信云服务评估的核心目标是建立全面完善的云上评估体系，为用户选择安全、可信的云服务提供支撑，促进我国云计算市场的健康、创新发展，提升服务质量和诚信水平，逐步建立云计算产业的信任体系，被业界广泛接受和信任。

在安全方面，可信云围绕云服务安全、云用户数据保护、云安全防护、零信任等建立了完善的评估能力域。

云计算服务安全评估的主要阶段与参照标准如图 5-1 所示。在现有的云计算服务审查制度下，云服务客户采购及审查云计算服务的基本流程包括 4 个主要阶段，即调研阶段、评估阶段、采购阶段和监管阶段。

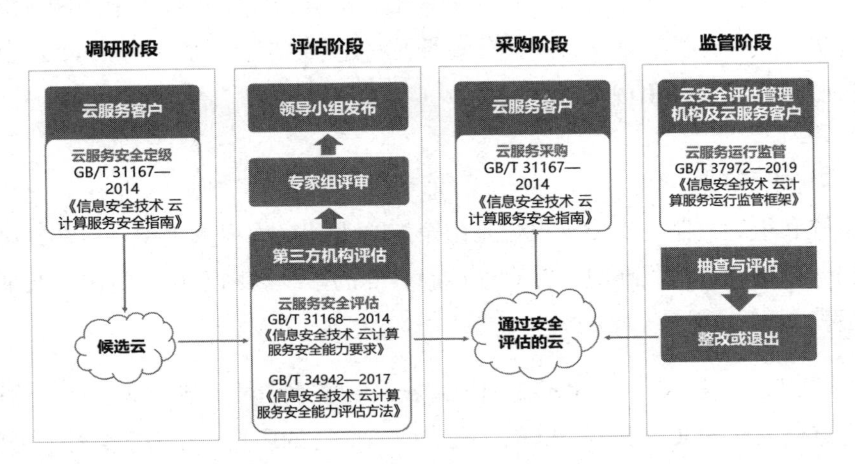

图 5-1 云计算服务安全评估的主要阶段与参照标准

通过这种结构化的评估方法，可以确保云服务商的安全能力符合国家标准，从而提高党政机关和关键信息基础设施运营者使用云计算服务的安全水平。

4. 信息安全管理体系 ISO 27001

ISO 27001 标准是信息安全管理系统（ISMS）的规范或认证。信息安全管理系统是一个包含一系列政策和程序的框架，包括在组织信息风险管理过程中涉及的物理、技术和法律控制。ISO 27001 标准为建立、实施、维护和持续改进信息安全管理系统提供了最佳实践框架。ISO 27001 认证让组织对云服务商的安全治理和风险管理充满信心。

5. 安全信任和保证计划

云安全联盟（CSA）的安全信任和保证注册（STAR）是一项云安全保证计划，涵盖透明度、严格审核和标准协调等关键原则。安全信任和保证计划包括 3 个级别的认证：自我评估（1 级）、独立第三方认证（2 级）和持续监控（3 级）。

安全信任和保证计划评估基于云安全联盟的云控制矩阵（CCM）和共识评

估倡议调查问卷（CAIQ）进行。云控制矩阵包含一个全面的云安全控制框架，有助于评估与云服务商相关的风险。

云服务商通过安全信任和保证计划评估，提高云安全管理水平，减少潜在的风险隐患，保障云服务业务的安全有效开展，更好地满足云服务客户的安全要求，获得云服务行业的竞争优势。

6. 系统和组织控制

系统和组织控制（SOC）报告是由第三方审计机构根据美国注册会计师协会（AICPA）制定的相关准则，针对外包服务商的系统和内部控制情况出具的独立审计报告。

SOC 报告分为 SOC 1、SOC 2 和 SOC 3 几种类型。对于与云安全相关的审查，组织应重点关注 SOC 2 报告。SOC 2 报告面向广泛的用户，并为安全性、可用性、完整性、机密性和隐私性等信任服务原则提供保证。

对于大多数组织来说，SOC 2 报告已经足够，但有些组织可能还需要采用与其他领域相关的控制框架。例如，金融、政府和卫生部门的组织必须采用不同的（通常是多个）控制框架，从而满足特定法规或行业部门的要求。为了应对这些挑战，组织可以要求第三方审核员进行 SOC 2+ 检查。例如，增加 NIST SP 800-53《信息系统和组织的安全和隐私控制》或云安全联盟的云控制矩阵（CSA CCM）等框架作为附加标准，如图 5-2 所示。SOC 2+ 报告可以帮助组织进行更全面的云服务商评估活动。

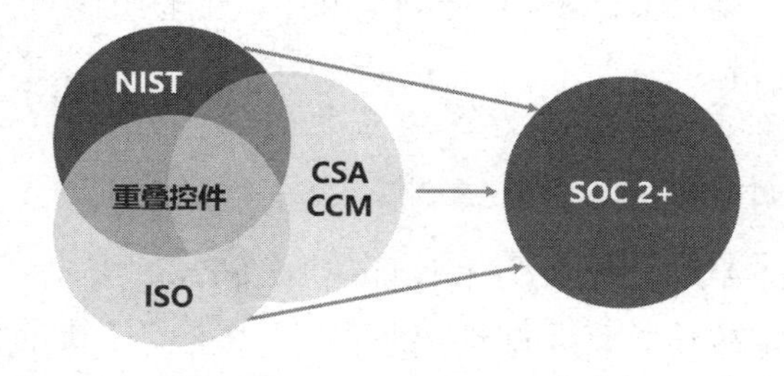

图 5-2 SOC 2+ 检查

因此，对于那些需要采用特定领域控制框架的组织来说，进行 SOC 2+ 检查是一种有效的方法，可以充分确保其云服务的安全性和合规性。

5.1.2 云服务商安全评估的具体流程

云服务客户对云服务商的安全控制措施并不完全了解，需要通过安全评估确定安全控制措施的有效性。在通常情况下，组织可以通过云服务商提供的独立第三方或监管机构出具的评估证书和报告，了解云服务商的安全控制措施和安全能力。然而，第三方机构的安全评估有时并不能覆盖组织所需的全部安全要求。为此，组织需要对云服务商的安全能力进行额外的评估，了解安全控制措施的覆盖范围、状态以及其随着时间发生的变化。

在对云服务商进行额外的安全评估之前，首先，组织需要与被评估的云服务商签署保密协议，确定需要评估的安全控制类别，确定云服务模型和设置云控制配置文件，并从云服务商处获取相关的独立第三方评估报告（针对正在评估的服务）。然后，组织需要建立云服务商评估委员会，建议该委员会由组织内的多个团队成员组成，通常包括一名安全评估员、一名云安全架构师、一名 IT 人员和一名合规人员。该委员会负责监督对云服务商评估的过程。

组织在开展具体的安全评估工作时，可以按照图 5-3 所示的流程进行。

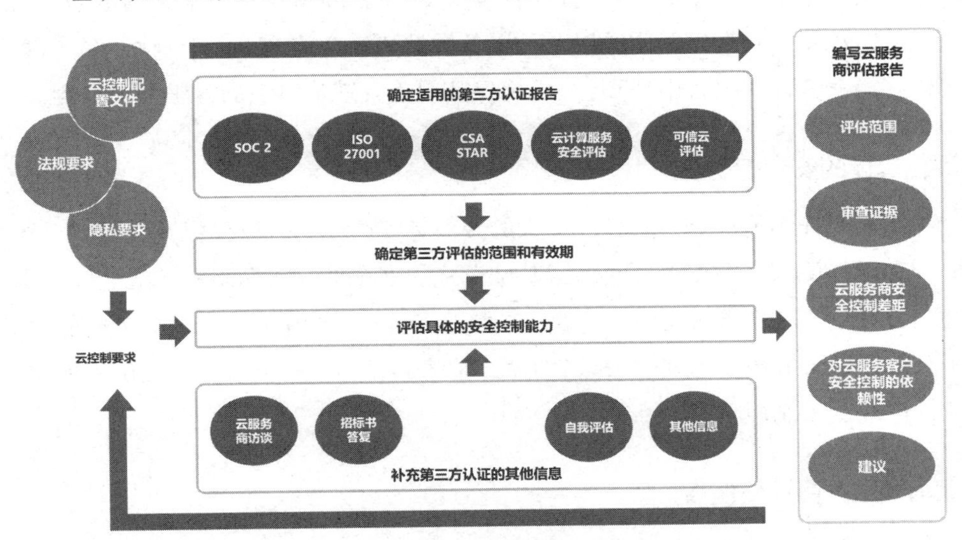

图 5-3 云服务商安全评估流程

云服务商安全评估是一个系统的方法，旨在通过科学、系统的方式评估和提升云服务的安全性能。流程的每一步都需要精心设计和执行，以确保评估的质量和效果。

1. 确定适用的第三方认证报告

组织需要确定所有的合规要求和云控制要求，从而确定对云服务商的云服务安全评估所需的独立第三方报告或认证。对于每一项合规要求或云控制要求，都应该有一份或多份第三方报告。如果第三方报告未覆盖所有的云控制要求，那么组织可以考虑使用其他信息作为第三方评估的补充。这些补充信息可以是对云服务商访谈的回复、自我评估、系统安全计划、需求建议书（RFP）回复以及其他公共信息。许多云服务商在门户网站上都提供了其他信息（与评估活动相关）和综合报告，组织可以直接访问这些信息。

2. 确定第三方评估的范围和有效期

第三方评估报告中包含的信息因云服务商的位置不同而有所不同。例如，位于国内的云服务配置可能与美国的云服务商的安全配置及其他地区的云服务配置不同。在详细审查云服务商提供的证明之前，组织需要审查评估报告的范围，包括云托管的位置、日期、时间段以及云服务类型和安全控制。以上这些相关信息都可以在第三方评估报告中找到，从而确保其覆盖且满足组织的云服务安全要求。

3. 评估具体的安全控制能力

组织需要详细地审查云服务商提供的云服务安全能力，以确保其满足安全控制要求和增强要求。重点审查底层云基础设施的安全性、云网络和系统之间的隔离性、云服务客户之间的隔离性、管理平面的安全性、API 的安全性等关键能力。为了充分评估云服务商的安全策略、实践、服务或配置，可以参考相关国家标准、行业标准或云控制矩阵。

4. 编写云服务商评估报告

对云服务商的安全评估结束后，需要编写安全评估报告。该报告中应包含对评估委员会的参与者和角色、云服务类型、安全控制要求、评估范围、所审查文件及有效期、云安全评估中的安全控制缺陷、组织为确保云服务安全所需的必要

策略 / 实践 / 服务或配置、采购合同中的任何建议条款的描述，以及存在的剩余风险和建议的摘要等内容。

5. 持续监测安全性能

第三方评估报告中通常包含在特定时间段内云服务的安全控制满足情况。为了确保云服务商能够持续保护云服务系统的安全，组织应该要求云服务商对合同中包含的第三方评估进行持续更新（通常每年一次），并且持续分析云服务商的云安全控制措施的有效性及存在的安全差距。

对于云服务客户，其可以利用独立第三方或监管机构的评估认证来了解云服务商的安全控制能力，通过对云服务商进行持续的安全评估，提高安全控制措施的有效性，了解安全差距，不断优化安全策略，解决广泛存在的安全问题。

5.2 云服务客户安全能力评估

组织应针对自身所承担的云安全责任，实施安全控制措施，并通过全面的评估，了解自身安全控制措施的有效性和安全差距。根据云安全责任共担模型，在云安全评估中，云服务客户应对以下安全评估和安全控制负责。

- 了解组织和云服务商各自应负责的安全控制事项。
- 进行所有必要的威胁风险评估和隐私安全评估。
- 要求云服务商证明其安全能力符合监管评估要求。
- 确保云服务商的安全控制和功能在合同期限内得到明确定义、实施和维护。
- 审查组织自身安全控制措施的实施情况。
- 审查云服务商提供的符合行业法规要求的认证证明。
- 了解组织和云服务商的安全控制措施的总体有效性，并确定不受控制的风险暴露面。
- 在信息系统或服务获准运行之前，对其进行安全评估和授权。
- 在程序和服务的整个生命周期中持续管理云资产的安全风险。

本节将介绍组织进行云安全评估应遵循的具体原则、云安全评估的具体内容，以及云安全评估的具体实践。

5.2.1 云安全评估的五大原则

为了让云计算更好地为组织提供效能，必须确保云安全风险可控，尤其要重点解决云特定的一些安全风险问题，并在授权之前正确评估基于云服务的安全控制。因此，组织应遵循云安全评估的重要原则，围绕云安全控制的重要领域，开展全面的云安全能力评估，提高安全控制措施的有效性。组织在进行云安全能力评估时，应遵循云原生化、可控性、可审计性、可见性、自动化五大评估原则。

1. 安全能力云原生化

安全能力云原生化是云计算环境中安全实践的一个重要发展方向，它强调安全控制措施与云服务的深度集成和自动化。组织在进行安全评估时，应重点考察以下几个方面。

- 快速响应安全事件：云原生化的安全能力能够利用云的弹性和可扩展性，快速调动资源以应对安全威胁。当检测到安全事件时，自动化工具可以立即启动，比如自动扩展安全分析的计算资源，或者迅速部署额外的安全措施来隔离和缓解威胁。
- 灵活调整安全配置：云原生安全体系允许云服务客户根据不同的应用场景和安全需求，动态调整安全策略和配置。这种灵活性意味着安全措施可以更好地适应特定的工作负载，而不是采用一刀切的方法。
- 支持安全分析和审计：云原生化的安全能力提供了强大的数据收集和分析工具，支持安全团队进行深入的安全分析和审计。这些工具可以被集成到云环境中，自动收集日志，监控异常行为，并提供实时的安全态势。
- 成本效益与资源利用：通过云原生化，安全能力可以按需分配资源，避免资源浪费，实现成本控制。

安全能力云原生化是构建现代云环境的关键部分，它不仅提高了对安全威胁的响应速度和灵活性，而且通过优化资源利用，帮助组织实现成本效益。随着云技术的不断发展，云原生化的安全能力将成为保障云服务安全的重要基石。

2. 安全能力可控性

安全能力可控性强调责任主体对其权限范围内的数据和资源拥有控制权，同时确保安全控制措施能够抵御外部影响和威胁。组织在进行安全评估时，应重点考察以下几个方面。

- 系统与应用控制：云服务客户需要能够管理和控制云上系统、应用或配置的变更，确保它们按照预期状态运行。
- 安全控制措施：在评估云安全的可控性时，需要从多个角度进行，包括访问控制、基础设施安全、数据安全等。
- 威胁监测和响应：建立有效的威胁监测机制，以便及时发现和响应安全事件。

安全能力可控性对于保护组织的数据和资产至关重要。它不仅有助于防止数据泄露和网络攻击，还能够提高云服务客户对云安全的信任度，促进业务的顺利进行。

3. 云安全可审计性

云安全审计是风险治理和安全管理的关键组成部分，确保云服务客户能够对云环境中的安全措施进行有效的监控、检查和验证。云服务客户应该具备检查各类权限控制、操作行为、资源分配、数据处理等是否符合规范要求的能力，这种能力需要通过收集、整理和分析各类监控信息，以及实时日志与历史日志等信息来实现。组织在进行安全评估时，应重点考察以下几个方面。

- 数据提取速度：评估系统是否能够快速从海量数据中提取所需信息。
- 分析能力：系统是否能够提供有效的分析工具，帮助理解数据并发现潜在的威胁。
- 检索和处理：审计系统是否支持高效的数据检索和处理功能。

通过持续的监控、有效的日志管理、深入的数据分析和自动化的审计流程，云服务客户可以更好地发现和应对安全威胁，保护其云资源和数据不受侵害。

4. 云安全可见性

云安全的基础在于对云中资产的全面了解和监控。组织需要能够观察并评估云环境中的安全风险，这要求其对资产、流量和其他关键指标建立全面的可见性，以便能够及时了解云中发生的事件。组织在进行安全评估时，应重点考察以下几个方面。

- 扩展监控能力：传统的监控方法可能不足以应对云环境中的数据流动，需要扩展到包括网络连接和流量的监控。
- 东西向流量监控：传统的安全监控依赖所抓取的流经物理设备的流量及对设备日志的分析，但云中数据会在实例和应用程序之间移动，因此需要对东西向流量进行监控。同时，在多数据中心或跨云平台的环境中，掌握组织的网络行为和数据流向将有助于满足不同的安全要求。

随着云技术的不断发展，组织需要不断更新其监控策略和工具，以保持对云环境的高可见性。通过提高对云环境的可见性，组织可以更好地理解其安全状况，及时响应安全事件，并确保符合合规要求。

5. 安全能力自动化

自动化是云安全管理中的一项关键优势，它能够减少人工干预，提高安全响应的效率和准确性。

为了保持业务的竞争力，云服务商必须具备快速提供新产品和新功能的能力。DevOps 将软件开发（Dev）和 IT 运维（Ops）结合在一起，旨在改进软件开发工作流的整体协作、快速交付和安全性。DevSecOps 通过整合各种安全工具，自动化安全任务和流程来扩展 DevOps 工作流程。DevSecOps 是建立在“每个人都对安全负责”的理念之上的，其目标是在不牺牲所需安全性的情况下，将安全决策更快地分发给相关的开发人员和运营人员。

DevSecOps 实践依赖在持续集成（CI）和持续交付（CD）模型中自动集成

的安全策略与相关服务。通过经常检查代码（在完成小更改之后），有助于在开发过程的早期捕获 bug 和安全缺陷。通过将安全测试自动化融合为 CI/CD 管道的一部分，组织可以提早识别安全缺陷并发现偏离最佳安全实践和安全控制的情况。图 5-4 描述了典型的自动化安全评估活动。通过自动化安全测试评估，有助于避免手动评估活动中的错误，并减少识别问题和获得认证所需的时间。

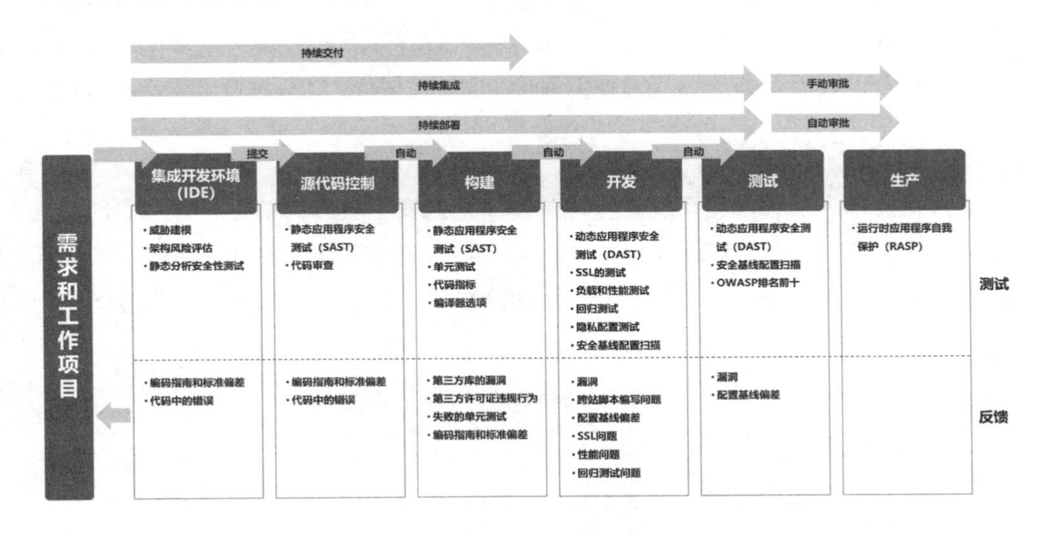

图 5-4 典型的自动化安全评估活动

评估自动化安全能力主要是考虑云服务客户是否能够实现云上资产和行为的全面自动化监测、响应，是否可以帮助安全人员从耗时耗力的告警分析、安全监测、漏洞修复、应急响应等基础工作中解放出来，是否可以利用云的能力解决大部分组织缺乏安全管理、运维人员平均能力水平不高等问题，是否能够在访问控制、资源配置、基础设施与数据安全、日志审计、持续检测与监控、响应恢复等方面自动化遵守云上最佳实践的要求，提高效率，降低风险。

5.2.2 云安全评估的四大类别 12 个检查项

组织需要了解云与传统基础设施之间的差异，并相应地调整其安全架构和安全控制，从而更好地开展云安全评估活动。下面列出了关键的云安全控制事项，以及在评估每个控制事项时需要考虑的重要内容。

1. 云基础设施安全评估

安全的基础设施已成为基础性安全防御的底座，组织可以从云工作负载安全的角度评估基础设施是否暴露了过多的攻击面，以及是否遵从云上纵深防御的安全体系。云工作负载被部署在高度动态的环境中，组织必须保障各种云工作负载的安全性，其中重点包括云主机和容器工作负载的安全。对于云工作负载保护，需要在入侵防御、身份鉴别、访问控制、安全管理等方面加强安全建设，其中对于容器安全，还需要关注容器镜像的安全。

（1）云主机安全

云主机作为承载信息系统的直接载体，是云安全防御的核心。为了实现信息系统的快速部署上线，组织采用了公有云、私有云或混合云等部署模式。云计算技术的快速普及也带来了更多异于传统的网络安全问题，并且在云主机方面尤为明显。表 5-1 展示了云主机安全的具体评估项及评估标准。

表 5-1 云主机安全的具体评估项及评估标准

评估项	评估标准
入侵防御	是否可以检测云服务器的系统层与应用层的主动外联行为和攻击行为，对进程、命令的异常行为进行告警
	是否支持基于主机、网络、云平台的安全数据进行分析，实现对挖矿、勒索、木马、蠕虫等新型攻击的检测告警
	是否支持对云服务器上运行的服务、进程、开放的端口进行统一管控
	是否能够发现可能存在的已知漏洞，并在经过充分测试评估后，及时修补漏洞
	是否能够检测对重要节点进行入侵的行为，并在发生严重入侵事件时提供报警
身份鉴别	是否支持对系统登录配置和密码复杂度进行定期安全检查，对风险项进行预警并提供安全建议
	是否支持主机登录失败防御配置，并可灵活设置在一定时间段内多次登录失败后锁定用户的规则
	是否支持远程访问管理，并采取必要措施防止鉴别信息在网络传输过程中被窃听

续表

评 估 项	评估标准
访问控制	是否支持账户权限配置检查、弱口令安全检查，以及当账户登录 IP 地址异常时进行告警，避免共享账户存在
安全管理	是否支持通过控制台对云资源进行安全管理操作，并对登录行为、高危命令进行审计
	是否支持通过控制台对系统中的安全策略进行配置，并对安全策略、恶意代码、补丁升级等安全相关事项进行集中管理

（2）容器安全

越来越多的上云组织使用容器技术部署自己的业务应用系统。作为一种虚拟化技术，容器技术为组织带来了更强大的性能、更小的资源开销、更高效的部署模式，同时也带来了一些新的安全方面的风险。表 5-2 展示了容器安全的具体评估项及评估标准。

表 5-2　容器安全的具体评估项及评估标准

评 估 项	评估标准
访问控制	是否对管理平台、容器实例、容器镜像仓库的访问请求进行身份标识和鉴别，并确保使用安全协议连接
	是否对管理平台、镜像仓库实现基于角色或更细粒度的访问控制
	在多用户场景下，是否实现容器实例之间、容器与宿主机之间、容器与其他主机之间的网络访问控制
	是否实现集群用户和应用程序对资源的访问控制权限随容器实例迁移
安全审计	是否支持审计容器镜像使用情况，包括镜像上传事件、镜像下载事件，记录访问源 IP 地址
	是否支持审计管理平台事件，包括资源的创建、更新、销毁等事件
	是否支持审计容器实例事件，包括进程、文件、网络等事件，并实现审计数据留存或备份
入侵防御	是否能够确保只使用安全的基础容器镜像，对不安全的镜像进行告警，并实现拦截
	是否使用专业工具扫描容器镜像漏洞，对漏洞进行分类分级并修复
	是否支持对容器镜像进行敏感信息清理，确保在容器镜像内不包含敏感信息、SSH 等证书文件，在环境变量中不包含用户名、密码

续表

评 估 项	评估标准
入侵防御	是否支持在容器镜像的创建或部署过程中扫描容器镜像漏洞，对不安全的镜像进行告警并阻断创建或部署流程
	是否支持统计和删除容器镜像仓库中长期未被下载使用且存在安全风险的镜像
	是否做到除了基础平台组件，禁止业务容器实例使用特权用户和特权模式运行，并对使用特权用户运行容器的行为进行告警和拦截
	是否支持对管理平台和容器实例进行攻击行为的监测和拦截
	是否支持对容器集群内的网络流量进行监测，并分析是否存在异常流量或恶意流量
	是否支持对失陷容器进行响应处置
容器镜像保护	是否具备容器镜像签名功能，对容器镜像的完整性进行校验
	是否在镜像构建配置文件中将运行用户定义为非最高权限用户，禁止未定义用户或将用户定义为最高权限用户
	是否采用密码技术或其他技术手段防止容器镜像中可能存在的敏感资源被非法访问
安全管理	是否实现以容器集群的方式对容器实例等资源进行统一编排调度管理，并满足容器实例的故障自动恢复、弹性伸缩等可用性要求
	在使用多个容器镜像仓库的情况下，是否实现了多个容器镜像仓库的数据同步
	是否支持对容器实例的各项性能指标进行集中监控

2. 身份和访问管理安全评估

在云计算环境中，身份和访问管理（IAM）是安全建设的基础，它涉及账户的创建、权限的分配，以及资源的访问控制。一种有效的身份和访问管理策略应包括权利映射、授权审核、资料管理、特权管理等要素。因此，对于身份和访问管理安全，需要从账户策略、账户通知与账单管理、凭据与密码管理、IAM 用户管理等几个方面进行评估。

（1）账户策略

账户策略是云安全架构的基石，涉及账户的创建、隔离和管理。组织的账户策略可以通过账户隔离、VPC 等方式来隔离不同职能和不同项目的云环境。表 5-3

展示了账户策略的具体评估项及评估标准。

表 5-3　账户策略的具体评估项及评估标准

评估项	评估标准
账户结构设计	是否实施了多账户策略，以及账户隔离是否满足安全需求
账户管理自动化	是否可以基于策略进行多账户集中管理，以及其管理过程是否自动化
账户创建审批	是否有账户创建和资源预置的审批流程，以及是否实现“管用分离”
root 账户保护	root 账户是否启用了多因素验证，并且访问凭证是否得到安全存储
安全账户设置	是否设有独立的安全管理和审计账户，以及是否实施了基于角色的访问控制

（2）账户通知与账单管理

保持账户联系人列表的更新和安全事件的及时通知，对于云服务客户及时了解安全事件非常重要。另外，由于账单信息与组织员工信息具有价值性和隐私性的特点，因此对这些信息的访问权限也需要重点考虑。表 5-4 展示了账户通知与账单管理的具体评估项及评估标准。

表 5-4　账户通知与账单管理的具体评估项及评估标准

评估项	评估标准
账户联系人配置	是否所有账户都配置了准确的联系人，并实现了自动化更新流程
账单信息权限	审核账单信息访问权限是否基于“知所必需”的原则进行管理
账单合并与管理	是否有独立账户实现账单合并，以及总账单账户是否实现了“管看分离”

（3）凭据与密码管理

云账户或 IAM 用户都具有唯一身份，因此它们有唯一的长期访问凭据。凭据与密码管理是安全访问云资源的关键。表 5-5 展示了凭据与密码管理的具体评估项及评估标准。

表 5-5　凭据与密码管理的具体评估项及评估标准

评估项	评估标准
密码策略	是否使用复杂密码策略，并强制执行密码轮换策略

续表

评估项	评估标准
密钥凭据管理	本地IAM用户的接入ID和密钥是否被定期更换，以及无用密钥是否被及时清除
密钥安全存储	密钥凭据是否未被硬编码到脚本或实例的用户数据中，确保安全存储

（4） IAM用户管理

IAM用户管理关注用户身份的全生命周期，确保权限的合理分配和及时调整。表5-6展示了IAM用户管理的具体评估项及评估标准。

表5-6 IAM用户管理的具体评估项及评估标准

评估项	评估标准
身份生命周期管理	是否有流程管理访问权限，并随人员身份变动实时调整
角色与策略管理	IAM策略是否仅授予受限的、确定的访问权限，并定期检查以确保符合最小权限原则
多因素验证	验证非root权限的管理员账户是否已开启多因素验证
单点登录	检查内部用户是否启用了单点登录
联合身份认证	是否使用联合身份实现操作系统和应用的用户身份管理，外部用户是否支持基于第三方IDP的联合身份认证
密码凭据管理	操作系统、数据库系统等的管理员密码凭据是否采用Active Directory服务而不被共享

3. 数据安全保护

在云计算环境中，数据安全至关重要，需要全面保护数据的生命周期。对云上数据的评估可以根据重要性来进行，并且可以对工作负载保护进行设计和标记，并通过VPN、TLS/SSL、证书等方式来保证所保存数据和传输中数据的安全性。这也是安全能力评估的重要组成部分。

（1）数据分级与保护策略

数据已成为组织最重要的核心资产之一，应该对重要数据和敏感信息进行分类分级，以业务流程、数据标准为输入，梳理场景数据，识别数据资产分布，明确不同级别数据的安全管控策略和措施。表5-7展示了数据分级与保护策略的具体评估项及评估标准。

表 5-7　数据分级与保护策略的具体评估项及评估标准

评估项	评估标准
数据分类	是否有明确的数据分类标准和云上数据资产清单
管理流程	是否有数据上云或云上管理的评审流程
加密策略	是否有基于数据分类的加密策略、流程和工具
访问控制	访问数据的控制策略是否基于数据分级和隐私保护标准
人员与组织	是否设立了数据安全官的角色或组织，负责数据分级和保护策略的监管

（2）静态数据保护

评估静态数据安全性的主要目的是判断组织是否有能力利用各类加密技术保护云中所有数据，并可以在多个可用区存储多个副本或以低成本长期保存数据，保证数据的高可用性和灵活性。表 5-8 展示了静态数据保护的具体评估项及评估标准。

表 5-8　静态数据保护的具体评估项及评估标准

评估项	评估标准
块存储加密	对块存储数据是否根据数据保护要求进行加密
对象存储加密	对对象存储数据是否根据数据保护要求进行加密
数据库加密	对数据库中的数据是否根据数据保护要求进行加密
访问策略管理	是否具备合适的访问策略保障存储中的数据安全
加密密钥管理	是否可以对加密密钥进行集中管理，并支持独立密钥管理模块
敏感信息保护	系统镜像、日志、存储桶文件是否包含敏感信息
数据可用性与备份	是否有数据生命周期管理策略和工具，包括定期归档和备份流程

（3）数据传输安全

在数据流转过程中，存在多种安全风险，包括数据被窃取、篡改或伪造的可能性，这些风险可能对组织的网络安全造成严重威胁。对数据传输安全进行评估，对于组织防止云中数据泄露的风险至关重要。表 5-9 展示了数据传输安全的具体评估项及评估标准。

表 5-9 数据传输安全的具体评估项及评估标准

评估项	评估标准
数据加密传输	重要数据在传输过程中是否使用端到端加密
Web 应用数据加密	Web 应用是否使用 SSL/TLS 证书对传输的数据进行加密
身份验证	是否使用公有数字证书进行 Web 端身份验证
策略管理	是否支持定期自动更新 TLS 证书，并根据数据保护要求启用不同的存储桶保护策略
访问控制	是否使用 VPC 终端节点对存储桶进行安全访问

4. 检测与审计能力评估

云平台的监控与审计功能对于保障用户交互的透明度和安全性至关重要。自动化监控与审计能够汇总日志、发出告警、执行日志搜索、实现可视化。通过评估审计、监控和日志模型，确定是否可以形成比较系统化的监控与审计闭环

（1）审计能力

安全审计是确保合规性和识别潜在风险的关键活动。审计管理员需要依据安全策略，利用详尽的记录来审查事件环境和行为。这就要求全面且自动化地记录可见、可控的信息和行为内容。表 5-10 展示了审计能力的具体评估项及评估标准。

表 5-10 审计能力的具体评估项及评估标准

评估项	评估标准
访问记录管理	是否具备管理所有账户的云服务客户行为记录的能力，并具备监控管理员操作的能力
风险监控	是否能主动检测风险操作或 API 异常行为，并具备相应的告警机制
漏洞扫描能力	是否具备对实例和应用进行漏洞扫描、管理与告警的能力
持续集成中的安全审计	是否在持续集成流程中融合了安全审计步骤
代码审计与评估	是否具备在代码上线前对其进行审计和评估的能力
审计账户与日志	是否使用独立审计账户存储日志，能否进行日志完整性校验和自动化告警

（2）检测与监控能力

检测与监控的核心是通过持续检测和不断改进过程，及时对恶意行为、错误配置和资源滥用等情况进行告警，同时通过降低人工参与度，提高自动处理海量告警的效率和准确性。表 5-11 展示了检测与监控能力的具体评估项及评估标准。

表 5-11　检测与监控能力的具体评估项及评估标准

评估项	评估标准
系统与应用监控	是否具备利用监控工具（自有的或第三方的）监控系统和应用异常行为的能力
数据库监控	是否具备对数据库异常访问行为进行监控的能力
流量监控	是否具备监控实时网络流量的能力
配置监控	是否具备对违反安全策略的变更和配置进行监控的能力
多源数据融合分析	是否能够整合来自不同来源的数据，进行综合分析，以提高检测的准确性
证书监控	对证书是否设置了自动更新，并监控证书的有效期

（3）日志与告警能力

日志与告警能力是云安全管理的重要组成部分，涉及对海量日志的保存、分析和告警启动，以确保能够及时发现和响应潜在的安全威胁。表 5-12 展示了日志与告警能力的具体评估项及评估标准。

表 5-12　日志与告警能力的具体评估项及评估标准

评估项	评估标准
系统日志管理	是否可以构建日志管理平台，以集中管理公有云上所有系统和平台的日志，以及各类共享服务系统的日志等
流量日志管理	是否开启了负载均衡日志、VPC 流量日志和存储桶日志，并进行安全分析
实时告警机制	是否实现了实时告警机制，当检测到可疑活动时能够立即通知相关人员
其他日志管理	是否使用集中式日志系统来存储和分析安全日志、资源访问日志、内容分发网络日志、容器日志、DNS 日志等
日志访问控制	是否将日志的访问控制权仅授予必要的使用者

云安全评估是组织评估云计算环境安全状况的过程，目标是识别和评估云环境中的安全风险和漏洞，以及评估为减轻这些风险而实施的安全控制措施的有效性。评估可以涵盖云安全的各个方面，评估结果可以帮助组织确定需要优化的云安全领域，并制订计划来解决任何已识别的问题或修复漏洞。

5.2.3 云安全评估的具体实践

云安全评估旨在测试所实施的安全控制措施的有效性，以及这些安全控制措施与组织安全目标的一致性。检查安全控制措施是否按预期工作，包括实施情况如何、是否足以应对威胁，以及是否符合最佳实践。良好的云安全评估实践可以通过自动化完成整个流程，减轻安全评估的压力，提高云安全的自动化水平。下面将介绍组织云安全评估的几个具体实践案例。

1. 自动化安全测试评估

组织应对自己所负责的安全领域进行安全能力评估，同时应将安全评估活动作为组织系统开发生命周期（SDLC）过程的一部分，通过 DevSecOps 模型实现自动化安全测试评估。

自动化安全测试是安全评估计划的组成部分。使用自动化工具和脚本可以帮助组织识别代码标准的偏差、代码中的错误、第三方库中的漏洞、违反配置基线和许可证的问题、加密协议中的问题、合规性问题等。

通过自动化安全测试方法，减少了评估和修复安全缺陷所花费的精力、成本和时间。组织可以通过预先批准进一步简化云安全评估。通过预先批准的设计模式、体系结构和解决方案，组织可以实施已经评估过的安全控制措施，从而将评估工作集中在其他云安全控制项上，不断提升云安全的能力。

2. 云安全授权管理

授权是组织管理人员为信息系统的安全运营而进行的持续管理过程。在进行授权管理时，组织需要依据已经实施的安全控制措施和系统安全评估结果，明确业务系统可接受的风险。对于在系统安全评估中发现的影响较大的安全风险，组织需要制定相应的解决方案，并创建行动计划和里程碑（POAM），说明组织和云服务商是如何一步步减轻或解决风险问题的。以上信息必须被整合到授权软件包中。授权管理人员将审查授权软件包，并基于风险等级决定是否授权。在云环境中，组织可以使用DevSecOps技术来改进授权管理过程。借助DevSecOps，可以在每次测试安全控制时都自动生成（非传统手动生成）安全报告，从而减少生成授权文档所需的工作量并减少人为错误，同时实现信息系统的连续授权。

在DevSecOps模型中，安全团队与授权管理人员以及开发团队和运营团队合作，定义CI/CD管道必须满足的授权标准。以上工作需要在将云服务投入生产使用之前完成，使其作为CI/CD管道的一部分自动执行授权。如下为授权标准示例。

- 所有的高严重性问题均已得到解决。
- 所有的高严重性错误均已得到修复。
- 所有第三方库的漏洞和许可证问题均已得到解决。
- 所有编码标准的偏差问题均已得到解决。
- 所有与安全基线配置的偏差问题均已得到解决。
- 所有的自动化控制验证均成功。
- 对基于云的服务没有做出实质性改变。

DevSecOps旨在通过安全团队、开发团队与运营团队的合作，在标准DevOps周期中建立关键的安全原则。这种方法不仅可以提升开发和运维的敏捷性，还可以保障系统的可用性和安全性。

3. 持续监控评估

持续监控评估包括对安全控制的定期评估（最好是自动化完成）、对安全事件和事故报告的定期审查，以及对操作人员安全活动的定期审查。为了持续监控并识别云服务商和组织各自所负责的组件与授权状态的安全偏差，组织需要持续监控在云上运行的服务，以及用于访问和使用服务的基础架构组件。然后，将组织的监控数据与云服务商提供的监控数据结合起来，以此进行持续的授权决策，并将其作为组织风险管理计划的一部分。组织可以将安全测试集成到 DevSecOps 模型中，建立一个持续监控的程序，实现持续的风险管理、合规管理和授权管理。

4. 运营授权维护

为了进行持续的运营授权维护，组织需要定期审核业务活动的安全风险，定期评估威胁环境，审查安全控制评估结果，并审查云服务商的活动，确保其充分维护云安全态势。

通过运营授权维护，组织可以及时有效地对偏离授权状态的情况做出反应。当云安全运营授权出现偏差时，组织应考虑采取以下措施。

- 实施临时措施以保护业务安全。
- 更新已实施的安全控制措施以纠正安全缺陷。
- 接受新环境下的剩余风险。

组织运营授权维护活动的产出包括更新剩余风险、更新行动计划和里程碑、更新业务计划的安全策略。组织可以通过自动化 DevSecOps 实践识别安全问题，依据静态和动态的应用程序安全测试和其他自动化测试的反馈来改进授权维护流程。

安全管理不是一个一劳永逸的过程，它必须持续不断。特别是在云上，安全风险更加突出，随着时间的推移会不断出现新的问题。组织可以通过云安全评估结果，建设风险管理框架，并根据实际情况来调整安全策略和授权。

第6章

典型的云安全场景解析

随着云计算市场的快速发展，云安全已成为实施云战略的重要保障。如何在加强组织自身安全基础设施建设的同时，实现数字化转型和业务的持续创新，成为组织当前云安全建设的新挑战。下面将针对云安全的九大重点威胁场景进行详细解析，并从技术、控制、流程和策略等方面介绍应对云安全威胁的最佳实践。

6.1 云配置管理

云配置管理是指通过管理云服务的设置、参数和策略来确保云配置安全，包括监视云基础设施组件（如虚拟机、存储资源、网络和应用程序）的变化。通过有效管理这些配置，组织可以确保其云环境安全并符合行业标准。如果将高效的云配置管理纳入组织的 IT 战略，则不仅可以增强整体安全性，还可以通过对整个基础设施环境的自动化和集中控制来简化运营。随着组织越来越依赖云服务来满足其基础设施需求，并且众多服务存在大量的配置选项，实施强大的配置管理对于云安全至关重要。

6.1.1 常见的云配置错误情况

云配置错误可能导致系统中断、意外停机或安全风险。因此，组织在使用云服务时应特别注意这类潜在的问题，并采取相应的预防措施。下面探讨在将业务迁移到云环境时，组织需要处理的最常见的云配置错误情况。

1. 入站端口不受限制

所有向互联网开放的端口都可能存在潜在的问题。利用端口混淆可以有一定的缓解作用，但这还不够。在将业务迁移到多云环境时，组织需要了解开放端口的全部范围，然后限制或锁定那些非必要的端口。

2. 出站端口不受限制

一旦系统受到威胁，出站端口就会为数据泄露、横向移动和内部网络扫描等安全事件创造机会。授予对 RDP 或 SSH 的出站访问权限是一种常见的云配置错误。应用程序服务器很少需要通过 SSH 连接到其他网络服务器，因此无须为 SSH 使用开放的出站端口。组织应确保限制出站端口访问并遵循最小权限原则来限制出站通信。

3. 密钥管理

保护 API 密钥、密码、加密密钥和管理凭据等机密信息至关重要。但大多数组织因为服务器受感染、云存储桶配置不当、HTML 代码和 GitHub 存储等而泄露了这些信息，这无疑是将重要的密钥公之于众。组织可以建立并维护一个全面的云中密钥清单并定期评估其安全性。

4. 审查监控和日志记录

定期查看云服务商提供的监控数据和日志，对于安全至关重要。这些数据和日志可能很复杂，组织需要安排专业人员负责审查日志，并记录相关安全事件。

5. ICMP 保持打开状态

互联网控制消息协议（ICMP）报告网络设备错误，可以用来显示服务器是否响应良好且在线，但它同时也成为攻击者发起攻击时常用的工具。此外，ICMP 也是分布式拒绝服务（DDoS）和多种恶意软件的攻击媒介。ping flood 或 ping 扫描可能会导致 ICMP 消息淹没服务器。虽然这是一种过时的攻击策略，但它仍然有效。

6. 不安全的自动备份

云环境的内部威胁是一种始终存在的网络安全风险，而且内部威胁非常具有破坏性。组织可能对主机数据做了相关保护，但因为配置不当，其很容易受到攻击并遭受内部威胁。因此，在将业务迁移到云时，组织应确保数据备份经过加密——无论是静态数据备份还是传输中的数据备份。另外，可以通过验证权限来限制对备份数据的访问。

7. 存储访问

在设置存储对象的访问权限时，应当谨慎地授予组织内部人员相应的权限。通常，人们会认为“经过身份验证的用户”仅指那些在组织内部系统中进行过存储访问认证的人员。然而，这种理解是错误的。实际上，所谓的“经过身份验证的用户”是指那些已经通过云服务商身份验证的个体，包括任何使用该云服务的用户。由于存在这种误解以及由此导致的配置错误，存储对象可能会面临被公开访问的风险。

8. 缺乏验证

随着云环境的发展，错误是不可避免的，组织需要创建一个云配置验证的管理流程，以减少此类安全漏洞。无论是用外部审计员还是用内部人员，组织都需要有人来验证权限与服务是否已正确配置和部署。但是大多数组织不会创建和实施用于识别错误配置的系统。

9. 未限制访问非 HTTPS/HTTP 端口

Web 服务器用于将 Web 服务和网站托管到互联网，以及用于 RDP 或 SSH 的数据库管理。但是，应该限制其对全部网络的访问。配置不当的端口可能会向试图暴力破解或利用身份验证的恶意行为者开放云基础设施。当向网络开放这些端口时，应该限制它们接收来自特定地址（例如组织的办公网络）的流量。

10. 对虚拟机、容器和主机的访问限制过于宽松

组织可能会将数据中心的虚拟机或物理服务器直接连接到互联网，而不使用防火墙进行保护。最常见的一些场景包括：在云主机上启用 FTP 等旧协议及其

端口；物理服务器中的传统协议及其端口（例如 rexec、rsh 和 telnet）已被虚拟化并迁移到云端；将 Kubernetes 集群的 etcd（端口 2379）公开到互联网。组织可以通过保护重要端口并禁用（或至少锁定）云环境中遗留的不安全协议来避免这种云配置错误，就像对待本地数据中心一样。

11. 启用过多的云访问权限

云计算的易扩展性既带来便利，也存在风险隐患。随着云环境的规模和复杂性的不断提升，管理员逐渐失去对系统控制的监督。缺乏可见性使管理员更难审查权限和限制访问。不必要的权限会大大增加内部威胁的风险，这可能导致云泄露和数据泄露。

12. 子域名劫持

发生子域名劫持这类网络攻击的常见原因是，组织从虚拟主机中删除了子域，但未从域名系统（DNS）中删除其关联记录。一旦攻击者发现未被使用的子域，他们就可以通过托管平台重新注册该子域，并将用户路由到其恶意网页。此类劫持可能导致这些毫无戒心的用户遭受恶意软件注入或网络钓鱼攻击，并且可能对原始子域的所有者造成严重的声誉损害。为了避免子域名劫持，组织应始终记住删除不再使用的域和子域的所有 DNS 记录。

总之，组织在使用云服务时，应加强安全技术防护和安全管理能力，采用有效的安全措施，减少由于配置错误而引起的系统中断、意外停机或安全风险。

6.1.2 云配置管理的有效实践

云环境是一个动态且复杂的生态系统，随着多云和混合云环境的激增，跨不同的云环境管理配置需要全面了解每个云服务商的独特功能、工具和 API，以及集成这些不同系统的能力。同时，组织越来越多地采用基础设施即代码（IaC）的方法。IaC 涉及使用基于代码的配置管理工具来自动化配置和管理云基础设施，如果管理不当，则可能导致大规模的配置错误和安全漏洞。另外，身份管理和密钥管理也是云配置的重要方面。身份管理涉及云环境中用户和服务的身份验证与授权，确保正确管理访问控制对于维护云资源的安全性和完整性至关重要。密钥管理涉及敏感数据（例如 API 密钥、密码和加密密钥）的安全存储、分发和生命周期管理，有效管理密钥对于防止未经授权访问云资源和保持强大的安全态势至关重要。因此，组织需要借助先进的管理工具，解决云安全配置问题，例如云安全态势管理（CSPM）等。

目前，对于上云组织而言，CSPM 是一种主动管理云安全风险的方法，通过对云环境的持续监控，以识别潜在的配置错误或安全漏洞来减少云环境的攻击面。用户可以基于自身的安全建设需求，选择适合自己的 CSPM 供应商。以下是使用 CSPM 工具可以识别的主要安全问题类型。

- 云资源配置错误，例如安全控制薄弱的服务器或存储系统。
- 在云环境中使用的包、服务或库中发现的软件漏洞，管理并修复这些漏洞的过程。
- 不安全的数据，例如存储在云中且未经适当加密的敏感信息。
- 权限监控，识别未经适当授权而被授予云资源访问权限的用户或应用程序。

为了应对不断发展的云安全威胁和挑战，现代组织需要构建一个更加先进、更加强大、更加全面的云安全态势管理体系，CSPM 已成为实现这一目标的关键工具。

6.2 身份和访问管理

在云环境中，身份是新的边界，是网络威胁事件的主要切入点。随着数字化应用的增多和云存储的扩展，这种风险的脆弱性变得更加严重。同时，随着云上业务重要性的不断提升，监管部门对安全访问提出了更高的要求。为此，业务主管和 IT 部门均面临更大的压力。

6.2.1 身份和访问管理流程

在传统的 IT 环境中，访问管理可以通过物理访问控制或网络访问控制来实现。同时，传统 IT 环境中的访问控制有时是通过撤销用户的身份来执行的。而在云环境中，攻击者通过远程接入或窃取凭据进入网络的可能性增加。如果攻击者利用所窃取的有效凭据登录系统，那么所有的补丁和防火墙都会失去效用。

因此，在云环境中，仅实现了访问控制是不够的，比如许多服务都提供了长期有效的身份验证令牌，即使在没有登录的情况下，它们也将继续保留访问权限。例如，在设置了邮箱密码后，如果在更改邮箱密码的操作中没有撤销存储在浏览器 Cookie 中的访问令牌，那么这个更改操作或阻止登录不会起到任何作用。特别是在特定的行业中，如金融服务业、医疗保健等，对更先进的身份和访问管理功能的需求日益增长。

控制对云工作负载和服务的访问是云安全的基础，因此身份和访问管理（IAM）成为最重要的云安全控制集。IAM 可以在复杂的异构环境中满足关键任务的需求，实现与业务的同步，并降低组织的身份管理成本。更重要的是，IAM 可以有效提高数字业务的敏捷性。图 6-1 展示了组织身份和访问管理的具体流程。

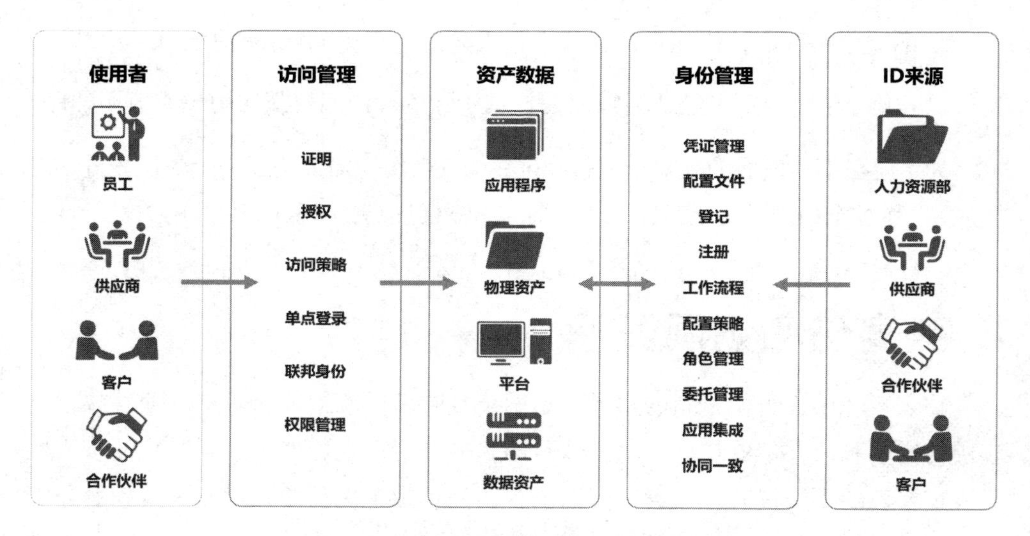

图 6-1 组织身份和访问管理的具体流程

IAM 通过客户身份和访问管理（CIAM）、多因素验证（MFA）、特权访问管理（PAM）、身份即服务（IDaaS）、单点登录（SSO）、无密码认证等能力，让正确的人在正确的时间访问正确的资源。

6.2.2 身份和访问管理实践

IAM 是一种任何规模的组织都可以使用的技术，其通过验证用户是否合法并限制其仅访问权限内的资源，从而降低攻击的可能性，来有效地保护数据、软件、开发平台、组织设备、数据中心等。图 6-2 展示了 IAM 最佳实践。

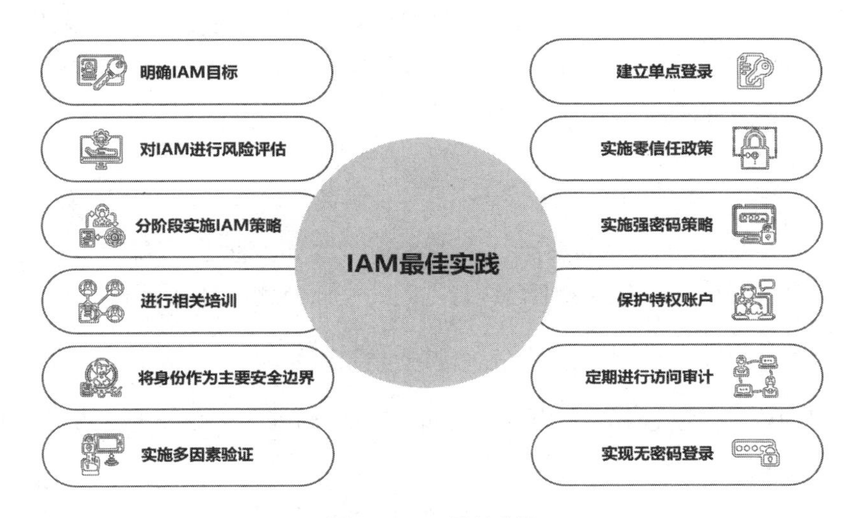

图 6-2 IAM 最佳实践

IAM 是一个复杂且至关重要的领域，它涉及多种技术和策略，旨在保护组织的数字资产免受未经授权的访问和其他安全威胁。组织有步骤地实施 IAM 策略，可以显著降低安全风险，并确保其数据和资源的安全性。

1. 明确 IAM 目标

为了成功实施 IAM 策略，组织需要将 IAM 解决方案与业务流程相融合。具体如下所述。

- 从计划阶段开始，就将 IAM 与业务流程联系起来。
- 构建满足现阶段及未来架构的 IT 功能，实施相应的云安全策略。
- 明确用户和应用程序之间有关特权、规则、策略和约束的要求。
- 将访问权限映射到业务角色，识别多余的权限、账户。

- 确保满足所有的身份访问审计要求，符合合规性法规、隐私保护和数据治理政策要求。
- 多种环境的IAM架构集成，实现覆盖全组织范围的身份认证和授权管理。

IAM的核心目的是确保合适的人员能够在合适的时间、出于合适的原因访问合适的IT资源。这意味着，IAM不仅是技术问题，更是一个涉及组织内部多个方面的问题，其包括但不限于管理用户身份、制定访问控制策略以及确保IAM策略与组织的业务流程充分融合。

2. 对IAM进行风险评估

组织需要对IAM产品的功能及其与组织IT的同步性进行风险评估。同时，需要对组织的所有应用程序和平台进行有效的全面评估。具体如下所述。

- 对IAM标准版和组织使用的内部版进行比较。
- 识别当前正在使用的操作系统、第三方应用程序，并与IAM提供的功能进行映射。
- 为了满足组织的特殊要求而定制功能。
- 评估IAM安全技术方案的能力和局限性。

对IAM进行风险评估是一个至关重要的过程，旨在确保信息安全系统的有效性和安全性。

3. 分阶段实施IAM策略

组织可以分阶段实施IAM策略，以减少实施过程的复杂性。实施内容主要包括定义范围、计划可伸缩性、试点运行和回归/集成测试。具体如下所述。

- 使用虚拟目录或元目录的解决方案打造组织范围内的用户存储库。
- 实现角色管理的过程。
- 实现身份生命周期业务流程的自动化。
- 为内部和外部的用户设计一个访问管理框架。

- 实现 Web 单点登录，提供跨域访问的便利性。

分阶段实施 IAM 策略可以帮助组织更有序地进行 IAM 规划，确保 IAM 系统的成功部署和有效运行。

4. 进行相关培训

与通常的培训课程不同，与 IAM 相关的培训课程应包括关于基础技术、产品能力和可扩展性因素的详细培训内容。每种 IAM 解决方案的实施计划都应该有一种针对不同用户群体要求的方法。IT 团队比其他任何团队都需要了解 IAM 计划及其核心活动的详细内容。即使是运维团队，也应该了解 IAM 生命周期不同阶段的功能。最重要的是，培训过程应该是一个持续的活动，并与不断变化的管理过程或新出现的能力同步优化。

5. 将身份作为主要安全边界

随着云计算和远程办公的发展，网络边界变得模糊、易渗透，传统的基于网络边界的防御策略无法有效发挥作用。组织需要将身份作为主要安全边界，围绕用户和服务标识集中进行安全控制。

6. 实施多因素验证

对组织的所有用户都需要启用多因素验证（MFA），包括管理员和高管。MFA 作为身份和访问管理的一个重要组成部分，在用户访问应用程序或数据库之前，通过多个验证条件检查用户身份，避免常规登录带来风险。

7. 建立单点登录

组织必须为其设备、应用程序和服务建立单点登录（SSO），以便用户可以随时随地使用同一组凭据访问所需的资源。为此，组织可以通过对所有的应用程序和资源（包括本地的和云端的）使用相同的身份解决方案来实现单点登录。

8. 实施零信任政策

零信任理念是假设每个访问请求都是威胁，都需要验证。在授予许可之前，对来自网络内外的访问请求进行彻底的身份验证、授权和异常审查。

9. 实施强密码策略

在整个组织范围内实施强密码策略，以确保用户设置访问的强密码。确保员工定期更新密码，避免使用连续的和重复的字符作为密码。

10. 保护特权账户

保护特权账户对于保护关键业务资产至关重要。限制对组织的关键业务资产具有访问特权的用户数量，可以减少对敏感资源进行未经授权访问的机会，从而隔离和收敛特权账户的风险。

11. 定期进行访问审计

组织必须定期进行访问审计，以审查所有授予的访问权限，并检查是否仍然需要这些权限。由于用户经常请求其他访问权限或希望撤销其访问权限，因此通过定期审计可以全面地管理此类请求。

12. 实现无密码登录

无密码登录是对用户进行身份验证而不需要密码的过程，可以防止网络罪犯利用弱密码和重复的密码访问网络。无密码登录可以通过多种方法实现，例如基于电子邮件的登录、基于短信的登录和基于生物特征的登录。

6.3 API 安全管理

应用程序接口（API）在现代软件开发中占据着重要地位。API 推动了应用程序、容器与微服务之间的数据和信息交换，彻底改变了 Web 应用的工作方式，催生了大量数字商业模式，因此 API 也被喻为数字经济的“交换机”，逐渐成为现代数字业务环境的基础组成部分。但是，指数级应用使得 API 安全管理变得异常困难，也会使企业陷入一个“高压”的局面。因此，组织需要了解自身的 API 安全情况，并寻找更加有效的 API 安全防护策略和方法，以减少 API 安全管理的复杂性和成本。

6.3.1 API 安全管理策略

API 安全管理不仅涉及修复单个漏洞的问题，还需要 IT 团队全面关注，必须从更广泛的角度解决 API 网络安全缺口的问题。任何一个 API 安全问题都可能导致严重的安全后果。如图 6-3 所示，从流量管理、访问控制、威胁防御、数据安全、安全监控等角度展示了 API 安全管理策略集合。组织可以依据这些策略进行可持续的 API 安全体系建设，最大化降低甚至规避 API 风险威胁。

图 6-3 API 安全管理策略集合

组织可以通过 API 安全管理平台实施相关安全策略。如图 6-4 所示，以一个典型的客户访问 API 为例，首先，在流量侧保障传输安全，并进行异常检测和内容检查等，对于高严重性事件进行告警。其次，通过 JSON 模式验证、敏感数据标记等保障数据安全并进行安全监控。

总之，API 安全管理策略涵盖多个方面、多个层次，涉及从 API 的设计、开发到部署和运维的全过程。组织通过实施有效的 API 安全管理策略，可以全面保护 API 免受攻击，确保数据的安全性和业务的连续性。

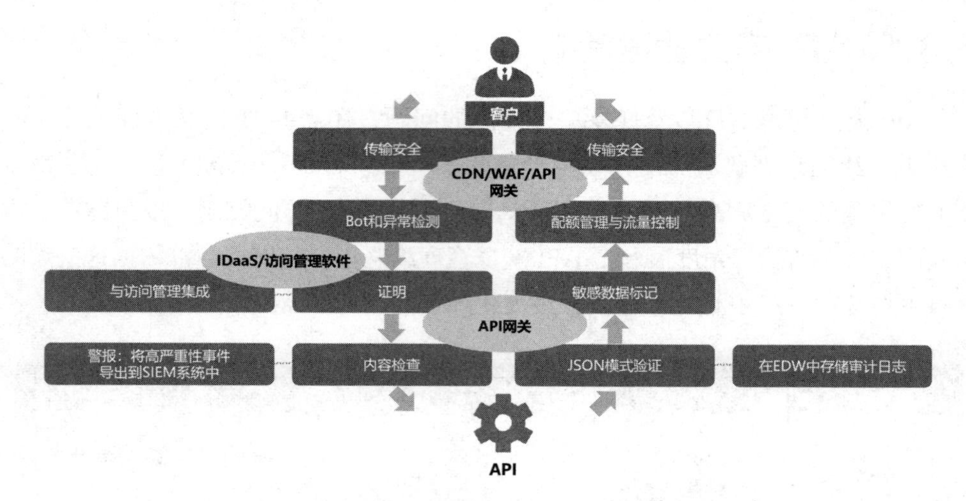

图 6-4 典型的客户访问 API 示例

6.3.2 API 安全管理实践

组织在进行 API 安全检查时，可以参考“OWASP TOP 10 API 安全风险”清单，通过全面的 API 安全风险检查，有效提升 API 的安全性。笔者根据“OWASP TOP 10 API 安全风险”清单，梳理出一份 API 安全风险检查内容，供大家参考。

1. OWASP-A1，对象级授权

API 可能会暴露处理对象标识符的端点，从而出现对象级访问控制问题。因此，在使用用户 ID 访问数据源的每个函数中，都应当考虑执行对象级授权检查。以下是一些关键的验证和实施步骤。

- 验证是否使用用户策略和层次结构实现授权检查。
- 验证 API 是否需要依赖客户端发送的身份 ID，API 应用应该检查会话中存储对象的 ID。
- 验证服务器配置是否按照所使用的应用服务器和框架的建议进行了加固。
- 验证 API 是否实现了每次客户端请求访问数据库时都检查授权。
- 验证 API 是否没有使用随机猜测 ID（UUID）。

为了保护 API 免受对象级访问控制问题的影响，组织必须在每个可能涉及用户 ID 和对象 ID 的函数中实施严格的对象级授权检查。

2. OWASP-A2，失效的身份验证

如果身份验证机制实施不当，那么攻击者能够破坏身份验证令牌或利用实施缺陷冒用其他用户的身份。损害系统识别客户端 / 用户的能力，会损害 API 的整体安全性。因此，组织应进行失效的身份验证。以下是一些关键的验证和实施步骤。

- 验证是否全面认证所有 API。
- 验证密码重置 API 和一次性链接是否允许用户一起进行身份验证，并受到严格保护。
- 验证 API 是否实现了标准身份验证、令牌生成、密码存储和多因素验证。
- 验证 API 是否使用了短期访问令牌。
- 验证 API 是否使用了严格的速率限制身份验证，并实现了锁定策略和弱密码检查。

为了保护 API 的整体安全性，组织需要对身份验证机制进行严格的审查，并强化相应的安全能力。

3. OWASP-A3，过度的数据暴露

如果对象级授权验证缺失或不当，则会导致信息暴露或被未授权方篡改，因此需要进行全面的 API 验证。以下是一些关键的验证和实施步骤。

- 验证 API 是否依赖客户端来过滤数据。
- 验证 API 的响应性，并根据 API 使用者的实际需要调整响应。
- 验证 API 的规范性，定义所有请求和响应的模式。
- 验证错误的 API 响应是否已经明确定义。
- 验证所有对敏感信息或个人可识别信息（PII）的使用是否有明确的理由。
- 验证 API 强制响应检查措施，以防止意外的数据泄露和异常泄露信息。

为了确保 API 的安全性并阻止攻击者获取或操纵多余的信息，提供适当的访问权限级别，避免过度的数据暴露至关重要。

4. OWASP-A4，缺乏资源和速率限制

攻击者利用API的弱点，故意消耗过多的系统资源（如CPU、内存、带宽等），以达到破坏或影响系统正常运行的目的。为了防止这种情况发生，组织需要采取一系列安全措施。以下是一些关键的验证和实施步骤。

- 验证是否根据 API 方法、客户端和地址设置了速率限制。
- 验证有效载荷限制是否已配置。
- 在执行速率限制时验证压缩比。
- 验证计算 / 容器资源上下文中的速率限制。

通过上述验证，可以有效地防止 API 遭到不受限的资源消耗，保障系统的稳定性和安全性。

5. OWASP-A5，无效的功能级授权

复杂的访问控制策略涉及不同的层级、组和角色，可能会导致授权漏洞，组织需要实施全面的安全验证，确保 API 的安全性。以下是一些关键的验证和实施步骤。

- 验证默认是否能够拒绝所有访问。
- 验证 API 是否依赖应用程序来强制管理访问。
- 验证所有不需要的功能是否都被禁用了。
- 验证计算 / 容器资源内容中的速率限制是否有效。
- 确保是否仅根据特定角色授予权限。
- 验证在 API 中是否正确实现了授权策略。

通过实施适当的身份验证和授权检查，采取有效的权限管理策略，并定期进行安全审计，可以有效地防止无效的功能级授权，从而增强 API 的安全性。

6. OWASP-A6，批量分配

批量分配反映了客户端数据自动与服务器端对象或类变量绑定的场景。黑客会提前了解应用程序的业务逻辑，然后通过向服务器发送特制数据、获取管理访问权限或插入篡改数据来利用该功能。以下是一些关键的验证和实施步骤。

- 验证 API 是否自动绑定了传入的数据和内部对象。
- 验证 API 是否显式定义了组织期望的所有参数和有效负载。
- 验证 API 在设计时是否精确定义了访问请求中接受的模式、类型，并在运行时强制执行。

虽然批量分配功能提高了开发效率，提升了用户体验，但也带来了安全隐患。因此，组织需要加强安全控制措施，防止黑客利用业务逻辑漏洞进行攻击。

7. OWASP-A7，安全配置错误

API 和支持它们的系统通常包含复杂的配置，旨在使 API 更具可定制性。如果在配置时不遵循安全最佳实践，则可能带来安全风险。以下是一些关键的验证和实施步骤。

- 验证 API 实现是否可重复，并且已将加固和修复活动纳入开发过程中。
- 验证 API 生态系统是否具有自动定位配置缺陷的过程。
- 验证 API 管理平台是否在所有的 API 中禁用了不必要的功能。
- 验证 API 安全系统是否可以限制管理账户访问。
- 验证所有的输出是否安全。
- 验证在 API 中是否正确实现了授权策略。

通过以上 API 安全实践，可以显著减少因配置错误而导致的安全风险，保护 API 免受恶意攻击和滥用。

8. OWASP-A8，请求伪造

如果 API 在没有验证用户所提供的 URI 的情况下就提取远程资源，则可能

存在服务器端请求伪造（SSRF）缺陷。以下是一些关键的验证和实施步骤。

- 验证 API 对各类消费者（包括内部员工）的信任机制是否正确。
- 验证 API 是否严格定义了所有输入数据：模式、类型、字符串模式，并在运行时强制执行。
- 验证 API 是否可以对所有传入的数据进行验证、过滤和阻断。
- 验证 API 是否定义、限制和执行 API 输出，以防止数据泄露。

通过上述验证，可以有效地提高 API 的安全性，保护系统免受未经授权的访问，避免数据泄露的风险。

9. OWASP-A9，资产管理不当

资产管理不当的问题主要涉及对 API 资产的管理和保护。API 通常会公开更多的端点，确保这些端点的安全性至关重要。以下是一些关键的验证和实施步骤。

- 验证 API 管理平台是否限制访问任何不应公开的内容。
- 验证 API 应用架构是否具有额外的外部安全控制，如 API 防火墙。
- 验证 API 应用进程是否被有效地管理。
- 验证 API 应用架构是否实现了严格的 API 身份验证、重定向等。

通过上述验证，可以有效地管理和保护 API 资产，减少因资产管理不当而带来的安全风险。

10. OWASP-A10，日志记录和监控不足

针对 API 日志记录和监控不足的问题，我们可以从以下几个方面进行验证和改进。

- 验证 API 日志的完整性和准确性。
- 验证日志格式是否可以被其他工具有效使用。
- 验证 API 管理平台是否对敏感日志进行了有效保护。
- 验证 API 管理平台是否包含足够的详细信息以识别攻击者。

- 验证 API 管理平台与 SIEM（安全信息与事件管理）等其他安全工具是否可以协同、集成。

通过上述验证，可以有效地提升 API 的日志记录和监控能力，从而更好地保护系统免受安全威胁。

从长远来看，组织可以通过有效的安全工具提高对 API 风险的管控能力，WAAP（Web 应用程序和 API 保护）解决方案就是一种有效的 API 安全防护方案。WAAP 通过将安全性集成到开发框架中，在应用程序和 API 的附近进行安全检查，并不断地满足安全和性能的条件，可以在没有摩擦或过多误报的情况下减轻危害，降低运营的复杂性，在需要应用程序和 API 的任何地方大规模地提供安全的数字体验。

6.4 云资产管理和保护

云计算已经从根本上改变了安全机制。云环境整体呈现快速动态变化的态势，资源被不断地创建、更新和删除，这使得跨云架构跟踪和保护所有资源更具挑战性。数字化转型的组织专注于将更多的工作负载迁移到云上，以充分利用微服务架构进行相关业务应用的开发。因此，云资产管理能力成为组织必须提高的关键能力，以优化其云使用现状，处理网络安全和数据隐私等问题。组织通过云资产管理可以清楚地知道部署了哪些基础设施、应用程序和许可证，并跟踪其使用情况和成本，这是一项需要全员参与的实质性工作。

6.4.1 云资产管理和保护实践

现代云资产管理和保护无法一蹴而就，需要不断优化。在这个过程中，首先需要确定重点保护的云资产并建立标签，然后实现全面的云资产可见性并做到零信任访问，最后建立详细的云资产管理清单。以下是组织进行云资产管理和保护的最佳实践。

1. 确定重点保护的云资产

为了有效地管理云资产，需要明确定义资产类别及其与安全相关的特征。为此，组织需要重点保护的云资产包括计算资产、存储资产和网络资产。

- 计算资产：计算资产通常会获取数据和处理数据。计算资产也可能会存储数据，尤其是临时数据。如果有需要监管的数据，需要确保每个存储了数据的地方都能被跟踪，因此不要忘记临时数据存储。
- 存储资产：存储资产通常是持久化的数据，因此它往往比其他类型的资产更持久。
- 网络资产：主要包括虚拟私有云和子网、CDN、DNS 记录、TLS（SSL）证书、负载均衡器、反向代理和 Web 应用防火墙等云资源。它们支持与其他类型的资产以及与外部世界进行通信，并且经常会执行一些安全功能。

组织在初始阶段可能无法完全实现对全部资产的保护，但是可以先聚焦较为重要的资产安全，再逐步扩大资产保护的范围。

2. 实现全面的云资产可见性

长期以来，安全控制一直被视为云服务的障碍。为了有效地扩展安全性，使安全成为跨团队的战略，每个云开发团队都需要了解和控制风险，以及保障整个开发管道的安全性。要实现这一目标，首先需要实现全面的云资产可见性，包括所有的资源、配置和漏洞。组织应致力于以下三个关键目标。

- 对组织所采用的任何云和架构实现 100% 的可见性。例如，如果云开发团队选择采用 Serverless 容器，或者在业务上未来会选择其他的云服务，那么云安全团队无须部署新技术就可以快速实现云和架构的可见性。
- 实现跨云和技术的安全标准化，以简化安全团队或项目团队的安全性操作。例如，对不同的云服务商进行身份管理存在较大的差异。对于组织来说，要求开发人员了解不同的云服务商并进行身份管理，不仅工作量巨大，而且极易出现错误。通过跨云和技术的安全标准化，可以让开发人员和安全人员快速了解不同身份的访问权限。
- 基于开发团队的基础设施所有权来划分其可见性。虽然对于安全人员来说，充分了解环境是有必要的，但是对于只拥有部分基础设施的开发人员来说，只需分配其职责范围内的资产可见性权限。

通过实现上述目标，组织不仅能够提高云资产的安全性和管理效率，还能够确保在不断变化的技术环境中保持竞争力。

3. 建立详细的云资产管理清单

为了提高对云资产可见性的控制，识别和跟踪供应链的完整性，使组织能够专注于保护其最有价值和最关键的资产，维护资产的机密性、完整性和可用性，以确保在发生重大事件时其不会受到损害，组织需要建立以下云资产管理清单。

- 云覆盖区域：组织可能会使用单一的云服务或多云服务，需要实现跨所有环境的云资源的一致可见性，同时需要获得 K8s 和 OpenShift 等资源的可见性。
- 架构覆盖范围：组织可能会选择使用跨 IaaS 和 PaaS 服务的应用广泛的体系结构。获得全栈可见性，意味着需要了解所有的云工作负载，包括虚拟机、容器、Serverless 等。
- 技术覆盖范围：除了云工作负载，安全团队还需要了解环境中的所有云服务（例如 Amazon OpenSearch Serverless）和部署在工作负载上的技术，包括操作系统、应用程序、API 端点、数据库、代码库等，以及它们控制影子 IT 的状态。
- 自动和连续检测：云环境总是在发生变化，因此，组织需要具备在部署新资源时自动发现新资源的能力，并实时监控现有资源的变化。
- 配置可见性：有多种配置会影响云的运行方式。例如，IAM 配置定义了可以查看、修改和运行云工作负载的人员；网络配置控制工作负载可以通过网络与哪些其他资源进行交互；特定于平台的配置，如在容器镜像中定义的环境配置或 K8s 中的 RBAC 策略，为云工作负载配置增加了更多的层。云配置的可见性需要扩展到云、应用程序和操作系统层。

通过建立云资产管理清单，组织不仅能够提高云资产的可见性和控制能力，还能够有效维护资产的机密性、完整性和可用性，使其在面对各种安全威胁时保持稳定运行。

6.4.2 云资产管理和保护工具

为了将云安全融入开发团队的开发过程中，可以简化为实现全栈可见性建立的完整的云资产管理清单，并针对不同的团队提供其职责范围内的可见性。组织需要通过基于角色的访问控制对云资产进行分组，使开发人员能够看到与各自项目相关的资源。保护云资产的最新方法之一是零信任，零信任是默认拒绝访问应用程序和数据的信息安全模型。其不但可以解决外部不安全访问的问题，还可以有效解决内部人员恶意行为的问题。通过零信任，所有实体的访问都不受信任，并执行最小权限访问，对整个访问实施全面的安全监控。零信任可以实现跨云环境、统一的安全态势管理，已经成为保护混合云资产的有效手段。图 6-5 展示了覆盖身份、端点、网络、数据、应用程序和基础设施的零信任体系结构。

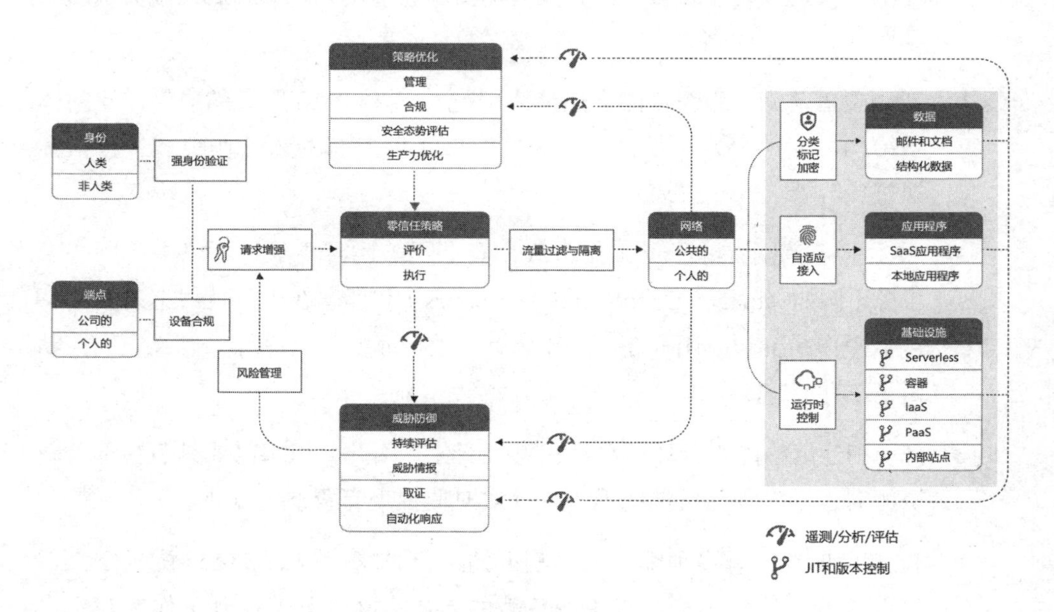

图 6-5 零信任体系结构

获得对云环境的全面可见性，对于组织有效地保护其在云中的资源和数据至关重要。组织借助先进的云资产管理和保护工具，实现跨所有云架构的可见性，改善其整体的云安全态势。组织在选择云资产管理和保护工具时，需要重点关注以下几个方面。

- 数据保护：存储在云中的所有数据都经过加密，云管理系统通过专门的安全团队提供数据安全性，持续消除云上漏洞。
- 灵活性：一些云资产管理和保护工具具有灵活的定制化功能，组织可自定义资产跟踪服务，以满足其独特的业务需求。
- 可扩展性：云资产管理和保护工具需要具有可扩展性，以满足组织不断增长的需求。
- 集成：云资产管理和保护工具能够被集成到组织现有的基础设施中，以提供全面的可视性，并保持系统稳定运行。
- 成本效率：云资产管理和保护工具可以降低组织的数据存储成本，并节省存储服务器的物理空间。
- 更高的可视性：云资产管理和保护工具需要提供全面的资产可视性和细粒度资产信息，确保组织以最大效益管理云上资产。
- 自动化：云资产管理和保护工具能够自动识别资产，并提供实时、最新的资产信息。通过自动化提高资产管理效率，消除云资产管理中的人为错误。同时，在自动化检测时，还可以在无人为干预的情况下修复漏洞。
- 合规性：云资产管理和保护工具能够自动处理资产跟踪系统的定期审查，以确保所有的云资产都能得到充分的保护并合规。

实施有效的云资产管理和保护是组织云安全战略的重要组成部分。除了安全，云资产管理和保护还可以实现业务成本控制。例如，通过云资产管理可以识别并删除不再需要的资产，这不仅可以降低安全风险，还可以降低成本。

6.5 云数据管理

随着各行业组织上云、用云步伐的加快，在云中进行有效数据管理的重要性愈加凸显。但在实际情况中，却存在云数据管理成熟度不够和安全能力缺失等问题。因此，为了最大限度地发挥云计算技术应用带来的好处，有效管理相关的风险和挑战，组织需要开发和完善云数据管理能力。

6.5.1 云数据管理关键能力

目前，各行业组织对云数据管理大都实施了一定的安全控制，但自动化水平相对较低，组织严重依赖手工流程，大量密集的人工操作极易出现错误。因此，对于云数据管理的自动化能力还有很大的改进空间。同时，组织成本管控和数据溯源的能力缺失，而该能力对于预算编制和数据追踪至关重要。另外，组织在数据合规管理、数据所有权管理、数据保护等方面普遍存在依赖手动控制的情况，而这会增加数据合规和数据管理不善的风险。对于这些现实情况，组织在进行云数据安全保护时应重点关注以下几个方面。

1. 组织应投资于自动化能力建设

组织应该优先考虑云数据管理控制的自动化建设，通过数据管理培训和先进的数据管理解决方案，提高员工的技能，以实现自动化流程，并降低手动流程的错误率。在数字化云时代，组织希望通过数据驱动业务增长，并在云中有效地管理数据，因此其需要具备数据管理技术和数据治理能力的人才。组织通过开展员工技能培训，提升其数据管理和保护的能力，同时借助专业的数据管理解决方案，实现自动化的数据管理和保护。

2. 组织需要进行云数据管理评估

在开启数字安全治理的旅程之前，组织需要先明确现阶段的安全水平，了解哪些地方存在能力差距，以及哪些领域需要重点关注。组织应重点关注目前缺失的控制能力。重要的是要建立一条安全基线，然后定期进行评估，以确保取得前瞻性和可持续的进展。云数据管理评估，不仅应关注技术能力，还应关注治理结构、合规性并与整体业务战略对齐，从而能够更好地识别差距，确定改进领域的优先级，并跟踪进展。还应特别注意数据主权和跨境数据流动等领域，以及对隐私数据的访问和使用等。

3. 组织需要制定和实施云数据管理政策与程序

对敏感数据的滥用可能会产生严重的法律影响，组织需要制定全面的覆盖整个数据生命周期的管理政策与程序，并在整个组织中强制执行。

4. 组织需要建立跨职能的数据管理团队，并对其进行培训

考虑到云数据管理影响的范围极广，组织需要建立跨职能的数据管理团队，并且要获得高层的支持。组织要确定云数据管理的整体方案，建立强大的数据管理文化，并支持不断增长的数据量和最终用户对数据的需求。

6.5.2 云数据管理实践

组织想要有效地保护云中数据，实现数据安全管理，可以遵循云数据管理最佳实践，从数据治理与问责制、编制数据目录和分类、数据的可访问性和隐私保护等方面加强安全保护。此外，必须在创建或采集环节对所有的数据编制目录和分类，并且在所有的环境中保持一致。敏感数据必须有默认的创建者和所有者，并且必须跟踪对所有敏感数据的访问。

1. 数据治理与问责制

数据治理与问责制是在云环境中成功管理数据的支柱。云环境给规模、标准化、自动化和安全责任共担模型带来了挑战与机遇。因此，将有效的数据治理程序应用于云环境中的数据非常重要。所有的利益相关者都应该清楚地了解每个角色的数据控制权限和责任。这类似于将数据治理与问责制应用于组织中的传统数据管理架构。

通过强大的数据治理和数据风险控制，组织可以更好地享受云计算带来的好处。组织通过数据治理与问责制可以有效地管理业务流程，确定数据的所有者和访问权限，确保对数据源进行适当的管理，并提供有关数据主权的指导方针，同时对数据移动进行适当的跟踪和控制。以下为具体要求。

- 必须通过基线标准和自动通知监控包括敏感数据在内的所有数据资产的安全控制和合规性。
- 为迁移的数据和云中生成的数据建立数据所有权。必须为所有的敏感数据填充数据目录中的所有权字段，并同步报告给已定义的工作流。
- 支持数据来源追踪和数据使用合规的自动化管理。必须为包括敏感数据在

内的所有数据资产登记权威数据源和配置点信息，并报告给已定义的工作流。

- 管理数据主权和跨境数据流动。必须根据规定对数据主权和敏感数据的跨境流动进行记录、审计和控制。

数据治理与问责制能够确保组织对迁移到云环境中的数据或在云环境中创建的数据具有明确的权限、控制和治理要求。这些功能为良好的业务流程管理、有效的数据治理以及数据流动风险管理提供了基础。

2. 编制数据目录和分类

实施有效的云数据管理依赖对所有数据资产的完全控制，包括技术特征，如格式和数据类型，以及支持完整的云数据管理架构功能的上下文信息，如业务的定义、分类、数据来源、物理位置和所有权详细信息。这些特征共同构成了数据目录。

组织通过创建、维护和共享全面的数据目录，可以最大限度地实现数据资产的受控使用。同时，组织实施信息敏感性分类，可以提高数据分类的透明度和一致性的处理效率。提供对数据存储和数据传输路由的精确位置的最大透明度，将使得自动流程能够根据特定的信息敏感性分类来管理、监控和执行一致的数据处理。标准化信息敏感性分类功能，还使得经过授权的自动流程能够跨多个司法管辖区监控和执行安全控制与合规性管理。以下为具体要求。

- 数据目录是可实现的、可使用的和可操作的。必须在创建或采集环节对所有的数据自动编制目录，并在所有的环境中保持一致。
- 明确定义和使用数据分类。在创建或采集环节，所有的数据必须自动分类，并且该功能要持续自动发现和分类数据。

编制数据目录和分类组件是一组用于全面且一致地创建、维护和使用数据目录的功能。这个组件也包括对信息敏感性的分类。这些功能可以确保在云环境中管理的数据易于发现、易于理解，从而实现高效、安全地使用数据。

3. 数据的可访问性和隐私保护

云技术为组织提供了以新的方式利用数据资产的机会。云计算促使大数据和人工智能技术相结合，颠覆了以往的数据使用方式。当组织试图通过数据来驱动业务运营增长时，确保数据的合理访问和隐私保护就变得非常重要。同时，在云环境中，在数据生命周期的不同阶段，数据可能处于移动或存储状态，因此组织需要在这些阶段采取适当的数据管理和控制措施。

（1）数据可访问性

数据可访问性组件是一组用于管理、执行和跟踪数据访问权限的功能。组织在数字化转型过程中，需要实现全面的数据安全保护，通过数据访问控制来最大限度地减少未经授权的访问风险。以下为具体要求。

- 管理、执行和跟踪数据访问权限。对于敏感数据，只有创建者和所有者能进行相关的使用和访问权限的授权管理。必须跟踪对所有敏感数据的访问权限。
- 对数据的伦理和用途进行管理。所有涉及敏感数据的数据共享需求都必须提供数据使用目的，其中必须规定所需的数据类型，以及使用数据的国家、国际组织或法人。

组织需要确保数据的可访问性和可用性，同时全面考虑数据安全治理的各个方面，以应对可能出现的各种安全威胁，从而最大限度地减少未经授权的访问风险。

（2）数据隐私保护

保护云中数据的隐私是云环境中的一个关键要求。使用云计算技术的组织可能会被要求遵守多个地区或国家的数据隐私保护法律。一些重点监管行业的组织，将会面临更多的合规要求。组织所选择的云服务商（CSP）必须具备内部策略和外部法规要求的数据隐私保护能力。

数据隐私保护组件是一组用于保护敏感数据的组织策略。这个组件的目的是确保所有的敏感数据都能得到足够的保护，满足监管、行业和道德义务的要求。以下为具体要求。

- 实施有效的数据安全控制措施。必须为敏感数据启用适当的安全控制，而且必须将数据安全控制措施记录在所有敏感数据的目录中。
- 使用一个可操作的数据隐私框架。必须根据管辖范围，对所有的个人数据自动触发数据保护影响评估（DPIA）。

数据隐私保护是一个涉及多个方面的复杂问题，需要综合运用技术手段，遵守法律法规，并实施有效的数据安全控制措施。

（3）数据生命周期管理

数据生命周期包括数据采集、数据传输、数据存储、数据处理、数据交换和数据销毁六个阶段。在不同的阶段，数据可能在云环境中移动或处于存储状态。在不同环境中的不同阶段，数据可以被消耗和使用。组织必须在数据生命周期的各个阶段采取适当的数据管理和控制措施，以下为具体要求。

- 数据的生命周期是被计划和管理的。必须根据已制订的计划来管理数据的保留、归档和销毁。
- 对数据质量进行管理。必须为敏感数据启用数据质量度量功能。

总的来看，实施有效的云数据管理不仅涉及技术层面的操作，还包括对数据质量和安全性的持续关注。通过采取适当的策略和控制措施，组织可以在云环境中有效地管理和利用数据资产。

6.6 云漏洞管理

当组织将关键业务上云后，一旦云上的应用存在安全漏洞，数据泄露、业务中断、勒索、威胁等灾难性事件就可能随时发生。研究数据显示，在 78% 的云上攻击活动中，攻击者会将已知漏洞作为初始路径。因此，定期评估云环境的风险态势并加强云安全漏洞管理，是保障组织云安全的最有效途径之一。

6.6.1 云漏洞及责任主体

组织在开展云漏洞管理工作之前，首先需要了解云环境中主要的安全漏洞是什么。在云环境中，有多种漏洞，包括物理基础设施、计算硬件、操作系统、代码库的漏洞等，其中涉及云服务商和组织自身不同的管理责任。如图 6-6 所示，通过云安全责任共担模型，从漏洞的管理角度详细地展示了每一层漏洞的责任主体。

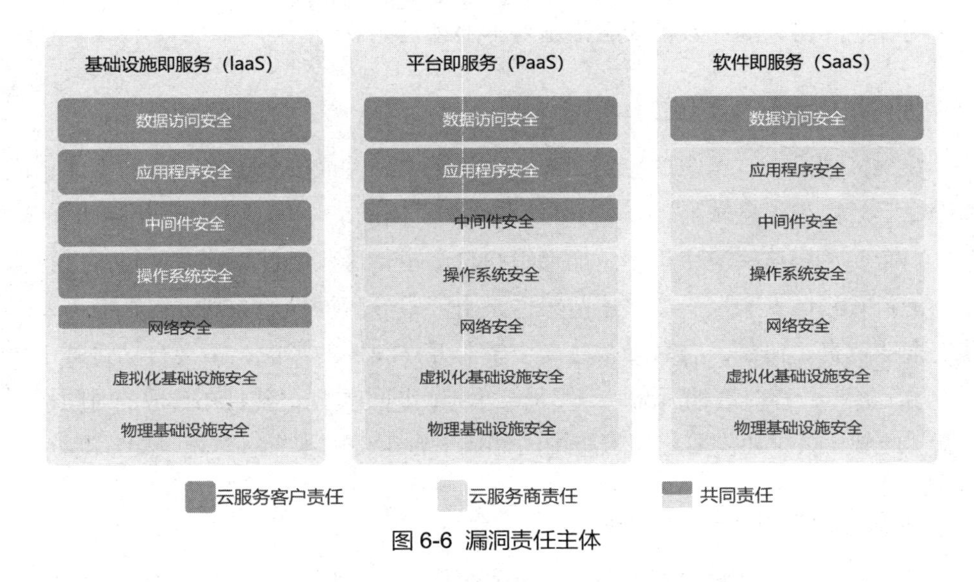

图 6-6　漏洞责任主体

不同类型的云服务（IaaS、PaaS 和 SaaS）要求不同的安全责任分配，针对数据访问层、应用程序层、中间件层、操作系统层、网络层、虚拟化基础设施层、物理基础设施层的漏洞，需要云服务商和组织（云服务客户）根据不同类型云服务的责任主体，承担漏洞管理职责，确保系统安全。

1. 数据访问层的漏洞及责任主体

在云环境中，组织对数据访问权限授予承担主要责任。数据访问层的漏洞主要来源于访问管理问题，例如，为普通用户开通了对重要资源的访问权限，访问权限未能被及时收回，或者使用了安全性较低的访问凭据等。

2. 应用程序层的漏洞及责任主体

如果组织使用的是 SaaS 服务，那么应用程序代码的安全性主要由云服务商负责，但是组织需要进行相关的安全配置。如果组织使用 PaaS 或 IaaS 服务，那么应用程序代码的安全性将由组织负责，因为组织托管在虚拟机、aPaaS 或 Serverless 服务上的应用程序代码可能会存在一些 bug，这些 bug 可能会影响安全性。除了自有代码，常用的框架、库和第三方提供的代码中可能包含漏洞，而这些漏洞更有可能被攻击者利用。在应用程序中，最典型的漏洞包括注入攻击、XML 外部实体攻击、跨站脚本攻击等。如果应用程序代码中存在这些漏洞，那么访问控制、防火墙和其他安全措施基本上都是无效的。

3. 中间件层的漏洞及责任主体

在很多情况下，组织的应用程序代码依赖中间件或平台组件，如数据库、应用程序服务器或消息队列。攻击者可以在许多不同的应用程序中利用相同的漏洞，而且不需要了解这些应用程序。如果组织自己运行这些组件，则需要对其进行监控、更新并测试安全性。如果这些组件是由云服务商提供的，则云服务商需要对其安全性负责。但是，有时云服务商出于业务连续性的考虑，不会自动将补丁更新推送给客户，针对这种情况，组织仍需承担测试的责任，并且在合适的时间部署更新。此外，组织还需要定期检查中间件或平台组件的配置，防止“配置漂移”。

4. 操作系统层的漏洞及责任主体

操作系统补丁是漏洞管理的一个重要组成部分，但并不是唯一的考虑因素。与堆栈的中间件 / 平台层一样，在部署操作系统实例时必须执行适当的基线测试。此外，操作系统往往会附带多个非必要的组件。将这些组件留在一个正在运行的实例中可能会成为漏洞的主要来源，因此将它们关闭很重要。这通常被称为“硬化”。

许多云服务商都有一个自动保持最新的虚拟机镜像目录，组织需要部署最新系统。如果云服务商在部署时没有自动应用补丁，那么组织需要将这些补丁作为部署的一部分。

一个操作系统通常由一个运行所有其他程序的内核和许多不同的用户空间程序组成。许多容器还包含操作系统的用户空间部分，因此操作系统的漏洞管理和配置管理也被考虑到容器的安全性中。在大多数情况下，云服务商负责 Hypervisor。管理程序通常已经硬化，但仍然需要定期打补丁，并且进行正确的配置。

5. 网络层的漏洞及责任主体

网络层的漏洞管理涉及两个主要任务，即管理网络组件本身和管理允许哪些网络通信。对于网络组件本身，如路由器、防火墙和交换机，通常需要进行类似于操作系统的补丁管理和安全配置管理。

在 IaaS 和 PaaS 模式下，网络控制安全由云服务客户负责；在 SaaS 模式下，网络控制安全由云服务商负责。

6. 虚拟化基础设施层的漏洞及责任主体

在 IaaS 环境中，虚拟化的基础设施（虚拟网络、虚拟机、存储）安全主要由云服务商负责。但是，在基于容器的环境中，云服务客户可能需要在云服务商提供的平台之上，对虚拟化的基础设施或平台承担安全责任。例如，漏洞可能是由容器（如 Docker、Kubernetes 等）运行时的错误配置或补丁丢失造成的。

7. 物理基础设施层的漏洞及责任主体

在大多数情况下，物理基础设施安全将由云服务商负责。但是，在私有云环境中，云服务客户需要负责物理级别的配置安全或漏洞管理。例如，漏洞可能是缺少 BIOS / 微码更新或基板管理控制器的安全配置不佳所导致的，从而允许远程管理物理系统。

6.6.2 云漏洞管理工具

与本地环境相比，云环境中的变化较快，这些持续的变化影响传统的漏洞管理过程。同时，多种新型的工作负载，如容器和 Serverless，也改变了云漏洞管理的方式，使得传统的工具要么不适用，要么无效。

此外，随着云计算及微服务架构的应用，在业务的开发和运营过程中采用了持续集成（CI）、持续交付（CD）的模式，这些新技术也从根本上改变了漏洞管理的方式。因此，在云时代，组织需要具备能够跟上快速变化的基础设施的漏洞管理能力。下面介绍几种典型的云漏洞管理工具，包括动态应用程序安全测试、静态应用程序安全测试、软件成分分析、交互式应用程序安全测试、运行时应用程序自我保护等。

1. 动态应用程序安全测试

传统的网络漏洞扫描器针对的是网络地址，动态应用程序安全测试（DAST）针对的是正在运行的 Web 应用程序或 REST API 的特定 URL。区别于传统的漏洞扫描工具，DAST 模拟用户使用应用程序或 API，从而发现诸如跨站脚本攻击或 SQL 注入漏洞等问题。这些扫描程序通常需要应用程序凭据。一些由 DAST 发现的漏洞也可以被 Web 应用程序防火墙（WAF）阻止，可以通过设置较低的优先级来解决该类问题。如果应用程序系统配置不正确，那么攻击者可能会绕过 WAF 并直接攻击应用程序。通常在更改应用程序时可以自动调用 DAST，并将其结果输入问题跟踪系统中。

2. 静态应用程序安全测试

使用 DAST 可以查看正在运行的应用程序，而使用静态应用程序安全测试（SAST）可以直接查看编写的代码。因此，一旦提交了新代码，DAST 和 SAST 就可以被作为部署管道的一部分运行，提供即时反馈。使用 SAST 工具可以发现与安全相关的错误，如内存泄漏。因为 SAST 需要分析源代码，所以组织必须使用常用的开发语言设计测试工具。SAST 最大的问题是具有很高的假阳性，这会导致开发人员产生“安全疲劳”。如果组织将 SAST 作为部署管道的一部分，则需要适配常用的开发语言，同时需要解决误报问题。

3. 软件成分分析

软件成分分析（SCA）是 SAST 的扩展，它主要关注组织使用的开源依赖关系，而非代码。如今，大多数应用程序都大量使用了框架和库等开源组件，这些组件中的漏洞可能会导致发生风险事件。SCA 工具会自动识别正在使用的开源组件和版本，然后交叉参照这些版本中已知的漏洞。有些 SCA 工具可以自动建议使用更新版本的代码。此外，除了漏洞管理，一些 SCA 工具还可以查看开源组件正在使用的许可证，以确保组织不会使用对许可证不利的组件。在过去的几年中，SCA 工具已经帮助减轻了一些重大漏洞的影响，比如在 Apache Struts 和 Spring 开发框架中发现的漏洞。

4. 交互式应用程序安全测试

交互式应用程序安全测试（IAST）同时做了静态扫描和动态扫描功能。该工具可以扫描代码，并实现代码运行时扫描。这主要是通过在对应用程序进行功能测试、动态扫描或真实用户执行应用程序时，同时加载应用程序代码来实现的。与 SAST 或 DAST 工具相比，IAST 工具在发现问题和消除假阳性方面更有效。就像使用 SAST 一样，IAST 工具必须支持组织正在使用的特定语言和运行时。由于 IAST 工具与应用程序一起运行，所以它可能会降低生产环境的性能。但是在现代应用程序架构中，可以通过水平扩展来解决此问题。

5. 运行时应用程序自我保护

运行时应用程序自我保护（RASP）并不是一种扫描技术。RASP 的工作原理与 IAST 类似，它是被部署在应用程序代码侧的代理。RASP 工具的设计目的是阻止攻击，而不仅仅是检测漏洞。与 IAST 工具一样，RASP 工具在某些情况下可能会降低性能，因为在生产环境中会运行更多的代码。RASP 工具提供了一些与分布式 WAF 相同的保护，因为它们都可以阻止生产环境中的攻击。

6. 渗透测试

渗透测试是指完全模拟黑客可能使用的攻击技术和漏洞发现技术，对目标系统的安全做深入探测，发现系统最脆弱的环节。通过渗透测试，还可以对系统所在网络环境的安全防护的有效性进行检验，有助于组织全面掌握目标系统的技术安全风险状态。在渗透测试中发现的安全漏洞和安全隐患，将被作为优先级较高的漏洞进行修复和管理，组织需要根据漏洞产生的原因、漏洞利用途径等关键信息进行有针对性的修复，提升系统安全防护水平。

在云计算、代码基础设施、CI/CD 和微服务架构中，组织需要在不降低系统整体可用性的情况下，实现更积极、更主动的安全漏洞管理，降低整体业务系统中的风险。

6.7 云网络安全

对云计算技术的应用加速了组织数字化转型的进程，同时也给组织安全建设带来了挑战。在本地网络中，IT团队和SOC团队负责监控所有新的基础设施。这意味着扩展网络既缓慢又费力，但也意味着所有新的基础设施都是由安全专家配置的。在云网络中，任何具有正确凭据的人员都可以立即添加新的基础设施，不需要IT团队和SOC团队的直接参与。这使得扩展网络变得更加容易，但也增加了由于未对新的基础设施进行安全配置，而导致其容易受到攻击的可能性。

云网络安全面临的另一个挑战是云环境的变化速度。采用自动扩展和Serverless计算等技术，意味着云网络中的资产会不断地出现和消失。漏洞扫描等传统安全措施能力有限，因为易受攻击的资产可能只存在几分钟，而这对于恶意行为者发现并利用它来说已经足够，但是以周或天为周期的安全检测则根本发挥不了作用。云环境的易于部署和变化快等特性，使得安全团队很难维护其完整性。

在混合云环境中，这种情况会变得更糟，因为不同的信息被存储在不同的系统中并由不同的安全工具保护。同时，安全团队需要在不同的系统之间来回切换。缺乏统一数据共享，使得安全团队很难准确了解组织的整体安全状况，或跟踪在云和本地网络之间移动的恶意行为者。此外，云计算的网络安全是云服务客户（组织）与云服务商的共同责任。而安全责任共担模型因云服务商而异。如果云服务商和组织的责任边界不清晰，则会出现防护漏洞。组织在云网络安全方面面临严峻挑战，主要体现在如下四个方面。

- 影子IT：对于普通终端用户来说，云服务也是易于访问和使用的。这就是许多员工在未通知IT部门的情况下订阅云服务的原因。安全人员不会管理或跟踪这些服务，这意味着影子IT将完全不受保护。
- DDoS攻击：当组织将工作负载迁移到云上时，云工作负载就会面临在传统的IT环境中通常不会遇到的威胁，其中最主要的就是分布式拒绝服务（DDoS）攻击。DDoS攻击是针对IT基础设施的网络攻击，其目的是破坏服务。若公有云遭受DDoS攻击，因为多个云服务客户共享公有云中的服务和资源，所以，即使组织不是DDoS攻击的目标，也可能会受到附带损害。

- 云配置错误：云计算的优势之一是可以极大地简化许多执行任务。即使是初级管理人员，也可以轻松地启动服务器或设置多 TB 存储。然而，这也会导致非常容易出现人为错误。一个简单的配置错误很容易将敏感数据或服务器实例暴露给公众并导致数据泄露。
- 大规模漏洞：云基础设施的一个主要优势是可扩展性。作为云管理员，组织可以利用自动扩展、基础设施即代码（IaC）、容器和 DevOps 等技术，在很短的时间内轻松部署数千台服务器和很多应用程序。如果镜像存在漏洞，则由该镜像生成的所有服务器 / 应用程序都将继承这些漏洞。这意味着最终可能会生成数千个暴露在一系列威胁中的服务器实例或容器。

云环境通常非常复杂，其由许多组件组成，包括虚拟机、应用程序和应用程序接口（API），还包括用户账户、数据等。同时，云环境还面临一系列威胁和漏洞。只有从一开始就采取行动来预防这些威胁和漏洞，组织才能从云系统中受益。因此，云网络安全是一个非常复杂的领域。组织需要采用各种安全解决方案和实施控制措施，包括行为分析、数据防泄露、特权访问管理、漏洞防御、访问控制等。

6.8 云安全事件的检测和恢复

云计算是一个与传统环境完全不同的领域，因此云事件响应流程与传统事件响应流程也有明显的不同，主要体现在治理、可见性和云安全责任共担三个方面。在治理方面，云中的数据会被存储在多个位置，各个组织也可能会选择不同的云服务商，让它们共同调查一个事件是一项重大挑战。对于拥有庞大客户群体的大型云服务商来说，这也是一种资源消耗。在可见性方面，云中缺乏可见性意味着本可以迅速补救的事件没有立即得到处理，并且有进一步升级的风险。在云安全责任共担方面，云服务客户（组织）和云服务商在确保云安全方面承担着不同的责任。通常，云服务客户对其数据负责，云服务商对其提供的云基础设施和服务负责。在云环境中，需要始终在各方之间协调云事件响应。如果处理得当，那么云可以提供更快、更便宜和更有效的事件响应。

任何组织都不能确保自己的安全防御措施万无一失，云事件响应和管理是反应性行动，可以最大限度地减少事件爆发产生的危害。如图 6-7 所示，组织在制定云事件响应策略时，可以针对破坏性事件的整个生命周期，分四个阶段梳理云事件响应流程。

图 6-7 云事件响应流程的四个阶段

在云时代，一种好的云事件响应策略有助于确保组织在任何时候都能准备充分。全面的事件响应建设能力是任何组织管理和降低风险不可或缺的能力。

6.8.1 准备、检测与分析阶段

云事件响应流程涉及多个阶段和多种技术。为了提高业务的连续性和灾难恢复的能力，组织需要建立一个高效的威胁检测和事件响应系统，提升安全态势感知能力。这样一来，组织在面对各种安全威胁时，才能保持高度的韧性和响应能力。

1. 准备阶段：建立事件响应能力

在云事件响应流程的准备阶段，有必要建立事件响应能力，以便组织做好响应事件的准备。换句话说，了解环境和“敌人”至关重要。当事件发生时，云事件响应需要实现如下目标。

- 提供快速检测、隔离和遏制的能力。
- 最大限度地减少个人数据、专有信息、敏感信息的暴露和泄露。
- 最大限度地减少对业务和网络运营的干扰。
- 为适当的检测和证据处理建立控制机制。
- 向受影响的各方提供事件沟通能力。
- 提供准确的报告和有用的建议。

- 保护组织的声誉和资产。
- 根据经验与教训对员工进行培训。
- 根据经验与教训审查和改进事件响应计划。

在云环境中，组织并不是所有系统的所有者。根据其所采用的服务模型及相应的责任共担模型，一些组件和日志由云服务商管理。组织应熟悉并充分利用云服务商提供的业务连续性和灾难恢复功能，以便在事件中对其进行调用。

2. 检测与分析阶段：建立威胁检测系统

组织和云服务商必须建立威胁检测系统，以提前发现、提前预防、提前处置安全威胁事件。通过威胁检测系统收集各种报警、系统日志、事件、请求和高级网络态势感知日志等信息，然后进行关联分析。事件分析建议包括如下几个方面。

- 网络和系统配置管理：比如基线配置，将有助于更好地识别变化。
- 理解常规行为：实施日志审查可以让分析师更好地注意趋势，比如时间轴趋势。趋势异常可能表明一个事件的发生。
- 事件相关分析：从包含不同数据类型的日志中可能会发现事件的证据。例如，在防火墙日志中可能会发现源IP地址，而在应用日志中可能会发现用户名。
- 使用包嗅探工具收集辅助数据：有时指标并没有记录足够的细节，使处理者能够理解正在发生的事情。如果事件发生在网络上，那么收集必要数据最快的方法就是使用包嗅探器捕获网络流量。
- 采用数据分析工具分析所有数据：最好是部署数据分析工具来分析所有收集的数据。

随着人工智能技术的发展，其在安全威胁检测和响应方面的应用，大大提高了事件检测和响应的效率与效果。一些先进的威胁检测系统应用人工智能技术，可以更快地检测出新的威胁类别。通过高保真检测推动自动化预防，可以有效地减少误报并提高生产力。通过准确预测不断变化的攻击技术并启用现有的主动防御能力，领先对手一步。

6.8.2 遏制和恢复、事后分析阶段

在整个云事件响应流程中，遏制和恢复及事后分析阶段至关重要。遏制的目的是立即采取措施阻止或减缓安全威胁的扩散，以保护组织免受进一步的损害，并启动恢复流程，确保尽快恢复正常运营。而通过事后分析可以进一步改进和优化事件处理流程。

1. 遏制和恢复阶段：防止威胁进一步扩散

在检测到安全事件时，遏制是必不可少的。一旦发现安全事件，受影响的组织就应立即执行预定义的云事件响应计划，例如系统下线、隔离系统和限制连接。在处理突发事件时，组织应确定和定义可接受的风险，并制定相应的策略。遏制策略因事件类型而异。例如，对通过电子邮件传播的恶意软件感染的过程与基于网络的 DDoS 攻击的响应完全不同。组织应针对每种事件类型制定单独的遏制策略，制定适当的策略的准则包括如下几个方面。

- 业务影响。
- 潜在的资源盗窃和损害。
- 需要保存证据。
- 服务的可用性（例如网络连接、提供给外部各方的服务）。
- 实施策略所需的时间和资源。
- 战略的有效性（例如部分控制、全面控制）。
- 遏制方法的持续时间、复杂性（例如，在 4 小时内删除的紧急解决方案、在 2 周内删除的临时解决方案、永久解决方案）。
- 资源的可用性。
- 备份 / 副本 / 快照的可用性和完整性。
- 沙箱 / 蜜罐环境的可用性。

制定适当的遏制策略的最终目标是限制攻击者的行动，并在尽可能短的时间内防止进一步的未经授权的访问，同时最大限度地减少服务中断。接下来，可以

通过恢复过程将系统恢复到原始的或增强的状态。此过程可以通过打补丁、重建系统的密钥文件、重新安装应用程序、更改密码和从备份中恢复文件等方式实现。

2. 事后分析阶段：进一步优化响应流程

云事件响应流程的最后一个阶段是事后分析。这一关键阶段的目标是评估组织和云服务商团队处理与管理事件的效果，识别人员、流程或技术方面的差距，改进未来的事件处理流程。审查云服务商的事件 / 取证支持、支持事件分析的可用技术工具、参与者使用的 TTP（战术、技术和程序）调查取证等，对于提高组织的安全能力至关重要。

6.9 软件供应链管理

软件供应链风险正在成为一个主要的攻击向量，且极有可能成为对组织影响最大的攻击向量。典型的事件是2020年的“太阳风”攻击和2021年的Log4Shell漏洞，它们影响了成千上万个应用程序。当攻击者能够访问第三方供应商的软件或环境时，就可能发生软件供应链攻击。

6.9.1 软件供应链安全策略

如今，软件应用的开发模式已经从原来的迭代开发转变为敏捷开发，特别是随着开源时代的到来，平等、开放、协作、共享的开源模式加速了软件的迭代升级，并且成为全球软件技术和产业创新的主导模式。根据 Gartner 的调查，99% 的组织在其信息系统中使用了开源组件。对开源组件的使用，以及软件来源的多样化，使得软件供应链安全问题日益突出。

1. 软件供应链安全管理目标

软件供应链安全管理旨在通过一系列标准化实践和管理措施，保护软件免受潜在漏洞的影响，识别和减少与外部供应商合作的风险，建立正式的制度来管理安全风险，审计和扫描第三方组件的漏洞，以及提升整体的安全技术防护能力和管理水平。因此，软件供应链安全管理主要解决如下几个问题。

- 软件供应链风险管理。
- 明确组织与不同供应商之间的关系。
- 产品和组件的漏洞处理。
- 了解供应商的产品质量和网络安全实践。

软件供应链安全管理可以通过计划、实施、检查、改进模式实现周期性持续管理。这有助于组织不断优化软件供应链安全管理策略，应对日益复杂的网络安全挑战。

2. 软件供应链安全管理策略

软件供应链安全管理策略涉及多个方面。图 6-8 展示了软件供应链安全管理策略。首先，通过相关方的配合，评估与组织相关的软件供应链风险。其次，建立软件供应链管理政策，并监督供应商的安全策略实施情况。再次，全面了解资产及漏洞情况，并进行漏洞修补。最后，通过持续地进行安全监控，确保产品和服务的质量。

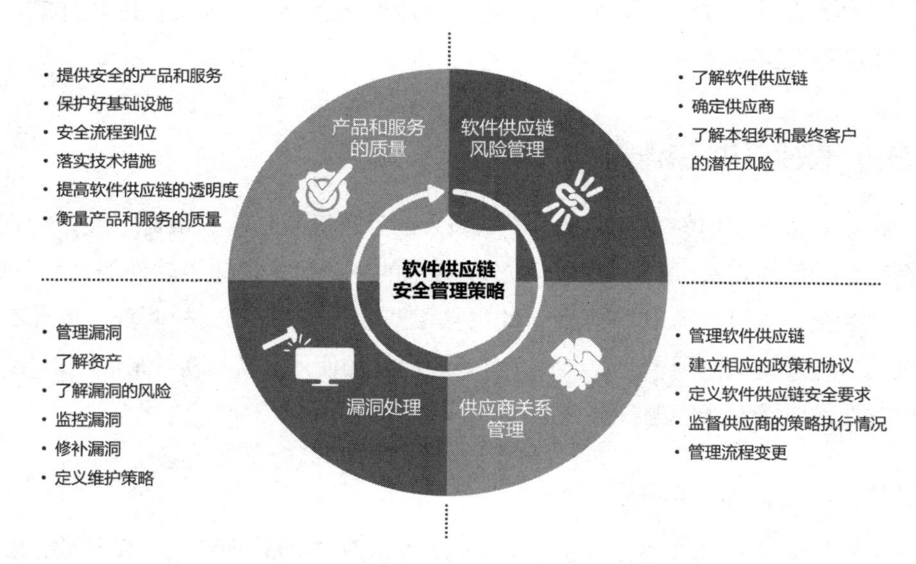

图 6-8 软件供应链安全管理策略

综上所述，软件供应链安全管理策略应综合考虑风险管理、开源软件的安全问题、标准体系建设、与供应商的合作、防护体系的建立、日常安全运维等多个方面，以确保软件及其相关组件在整个生命周期内的安全。

6.9.2 软件供应链安全实践

软件供应链风险管理、供应商关系管理、漏洞处理和确保供应商提供的产品和服务的质量，是确保软件供应链安全和高效运作的关键组成部分。下面将围绕这几个方面来介绍软件供应链安全的良好实践。

1. 软件供应链风险管理

软件供应链风险管理最重要的一步是软件供应链风险评估，识别与组织相关的供应商关系，了解组织的潜在风险。表 6-1 展示了软件供应链风险评估的良好实践。

表 6-1　软件供应链风险评估的良好实践

范围	确定并记录供应商和服务提供商的类型
背景	为自己的组织和最终用户的组织确定业务目标
标准	定义不同类型的供应商和服务的风险标准
风险评估	对供应链风险应根据自身业务连续性的影响和要求进行评估
风险处理	风险处理措施应与 ISO/IEC 27001 或 ISO 9001 等国际标准中建议的控制措施一起实施
监测	利用内部和外部的信息资源确定供应链的风险与威胁
审查	考虑供应商和服务提供商的性能监控与评估结果

通过以上风险评估标准，组织应遵循良好实践的做法，确定相关服务和资产对第三方供应商的依赖关系，并将关键软件的依赖关系映射到软件包、软件库和软件模块的级别，从而明确单点故障和其他基本的依赖关系。在风险识别过程结束后，组织可以编制供应商清单，重点识别那些具有安全执行功能、有特权访问或可以处理特别敏感信息的产品或服务的供应商。

2. 供应商关系管理

通过供应商关系管理，利用相关的管理政策、程序解决供应链安全风险问题。这需要组织为供应商定义产品服务需求和安全规则，从而保护信息资产和物理资产的安全。同时，组织中的资产所有者应根据合同协议监控管理性能，并在产品或服务发生变化时变更管理程序。表 6-2 展示了供应商关系管理的良好实践。

表 6-2 供应商关系管理的良好实践

安全管理	具有在整个生命周期中管理供应商的程序，该程序应包括供应商的选择条件和资格审定程序
	确定共享信息的程序
	确定组织和供应商方面的安全联系人
	对能够接触到关键资产与数据的人员进行背景调查并授权
	制定处理报废的产品、部件的程序，降低使用老旧产品和工具的风险
	建立供应商协议变更的管理流程，例如工具、技术等的变更
	对与供应商共享或可供其访问的资产与数据进行分类并贴上标签。确定访问和处理分类资产与数据的程序
	确定供应商在获取和访问组织资产与数据时应尽的安全保护义务
	在事故处理方面，组织应与供应商在责任、义务和程序方面达成一致
	为组织人员和供应商人员提供安全意识培训，使其了解组织访问和管理资产与数据的行为规则
	严格遵守监管规定和法律法规要求，如《中华人民共和国数据安全法》
安全控制	确定访问资产与数据的条件和授权，实施必要的访问控制
	确定 ICT/OT（信息通信技术 / 操作技术）产品和服务的安全要求，例如满足 ISO/IEC 27001:2022 的安全要求
	对供应商交付的产品和服务进行验收测试，确定必要的安全控制是否被包括在所交付的产品或服务中
	保证供应商提供的产品和服务不包含隐藏的功能或后门
	监控产品服务性能，以验证是否符合协议中的安全要求，提升安全态势
	验证供应商的灾难恢复计划是否满足所商定的服务连续性级别

以上供应商关系管理的措施适用于所有的组织。然而，这些措施的实施将因组织的需要而异。例如，有些组织可能会对与 IT 网络相关的供应商应用不同的策略和规则，而不是对不同的基础设施应用不同的策略和规则。因此，在不同的场景下，供应商关系管理措施变得更加详细。

3. 漏洞管理

组织通过漏洞管理，监控自有资产的漏洞，并将自有资产与基础设施中的资产进行映射，了解相关风险，根据相关管理策略处理这些漏洞。

对于漏洞，通常根据其潜在的影响和可利用性进行分类。这就确定了漏洞的风险等级，也定义了如何处理漏洞。处理漏洞有两种常规方法，其中一种是漏洞监控，主要是对在已交付和部署补丁之前所确定的漏洞进行分析；另一种是发布通知，即漏洞通知，主要是告知产品用户关键的漏洞是什么，以及缓解措施，以尽量减少漏洞暴露的可能性。表 6-3 展示了针对 IT 网络和基础设施漏洞、产品和组件开发漏洞的良好管理实践。

表 6-3　针对 IT 网络和基础设施漏洞、产品和组件开发漏洞的良好管理实践

IT 网络和基础设施漏洞管理	编制一份资产清单，其中包括与补丁有关的信息，使得产品用户将报告的漏洞链接到相应的资产
	利用相关工具检查技术弱点、监控漏洞。例如，通过扫描工具通知或接收供应商的漏洞信息
	评估自身运营环境的漏洞风险，并实施可用的安全策略，根据风险级别定义处理方法
	应该从合法的来源接收补丁，验证软件的真实性，降低供应链安全风险
	在安装补丁前测试兼容性，防恶意软件
	如果补丁不可用或不适用，则应采取其他措施降低风险，例如关闭防火墙端口等
	在补丁部署过程中也需要考虑回滚，当修补程序部署失败时确保产品的可用性
产品和组件开发漏洞管理	建立一个流程，接收并跟踪内部和外部来源（包括使用的第三方组件）报告的安全漏洞的关闭情况
	建立一个流程，通过使用脆弱性评分系统（如通用脆弱性评分系统）分析脆弱性风险
	实施风险管理策略，根据风险级别定义如何处理漏洞
	建立一个流程，验证修补程序是否修补了相应的漏洞，以及修补程序是否与其他操作、安全或合规限制相抵触
	检查与非内置第三方组件的兼容性
	产品用户应能验证所交付补丁的真实性和完整性
	为产品用户提供有关修补程序的文档，包括安装说明和已关闭漏洞的信息

4. 确保供应商提供的产品和服务的质量

组织需要清晰地了解供应商提供的产品和服务的质量，并持续监控和改进。这就要求软件供应链上的相关方建立相关安全管理流程，保护基础设施，并通过技术措施提高安全性。

为了保障产品和服务的质量，需要实现两个高级目标。其一，应该建立一个适当的流程来定义预期的质量；其二，应该应用一个检验程序来验证产品和服务的真实质量的有效性。表 6-4 展示了确保供应商提供的产品和服务的质量的良好实践。

表 6-4 确保供应商提供的产品和服务的质量的良好实践

安全控制	用于设计、开发、制造、交付产品和组件的基础设施符合 ISO/EC 27001:2022 控制管理要求
	基于产品类别和风险的适用性或技术要求应符合最佳实践标准（如 IEC 62443-4-2:2019）
	符合相关标准的一致性声明应可供必要和重要的产品使用者访问（相关标准包括 ISO/IEC 27001:2022、IEC 62443-4-1:2018、IEC 62443-4-2:2019）
安全管理	具备持续监控和改进产品质量的流程
	实施通用的产品开发、维护、支持过程，以确保输出的一致性
	实施与普遍接受的安全实践一致的安全开发过程

总之，通过建立健全的供应商评估和审核制度，实施全面的质量管理流程，以及加强软件供应链的安全管理，可以有效地确保供应商提供的产品和服务的质量。

第7章

先进云安全解决方案

云是新基建的基础，也是数字经济发展的基础，云是否安全将直接影响到每个人生活的方方面面。在云时代，安全不断变革，组织需要采用更敏捷、更高效、更智能、连接能力更强的安全解决方案。

容器、微服务、DevOps、Serverless等成为推动云原生实践的重要技术。云原生技术的采用率不断攀升，得益于组织快速上云。简单来说，早期的上云是将传统应用迁移到云上，如今则是业务应用生于云、长于云。对比传统架构和云原生架构可以发现，后者能够真正发挥云的优势，既能提高资源利用效率、敏捷开发部署，也能提升自动化能力、简化运维等。

如果云上安全有其特殊性，采用传统的基于安全资源池的方法，将无法适应当前云原生的演变趋势。在新的数字化浪潮下，传统安全方案面临诸多困境。例如，难以适配云和云原生环境、高度碎片化导致效率低下、安全能力迭代演进缓慢、难以融入业务全生命周期等。而先进云安全方案遵循“业安融合”理念，将安全与业务深度融合，包括能力的融合、体系的融合、流程的融合，从而实现业务与安全的一体化。为此，Gartner提出了CNAPP（云原生应用保护平台）这一先进的云安全方案，该方案的典型特点是实现了安全的云原生化、融合化、智能化。目前，国内外安全供应商均已有成熟的先进云安全方案CNAPP落地，例如CrowdStrike、青藤等。

- 云原生化：云原生安全需要一套集成方法，从开发阶段扩展到运行时阶段，提供完整生命周期的安全保障能力。

- 融合化：云安全的融合包括能力的融合、体系的融合、流程的融合。为了提高开发和运维的效率，不能将安全作为一个单独的检查项，否则会严重降低 DevSecOps 的交付速度。为此，需要实现安全与人员的融合、安全与开发工具的融合，以及安全与流程的融合。
- 智能化：生成式人工智能（Generative AI）可以在网络安全防御领域发挥重要作用，比如在威胁建模、自动化攻击模拟、自适应安全策略、自适应检测能力、智能安全预测等方面。图计算技术与 AI 高度耦合，可以实现多机信息的关联，这也是未来的一个重要发展方向。

下面将详细介绍以云工作负载保护平台（CWPP）为中心，向左、右、上、下四个方向扩展的先进云安全方案的新思路。

7.1 安全左移，保护开发安全

有数据显示，如果在开发阶段发现一个安全漏洞，那么修复它的成本是 1；到了测试阶段，发现一个安全漏洞，修复它的成本增加至 10；而到了上线阶段，再来修复这个安全漏洞，修复成本变成 100，相当于扩大 100 倍，如图 7-1 所示。为此，必须将安全审查前置，通过安全左移，实现“上线即安全”，以避免引入超出安全团队和运营团队管理范围的安全风险。

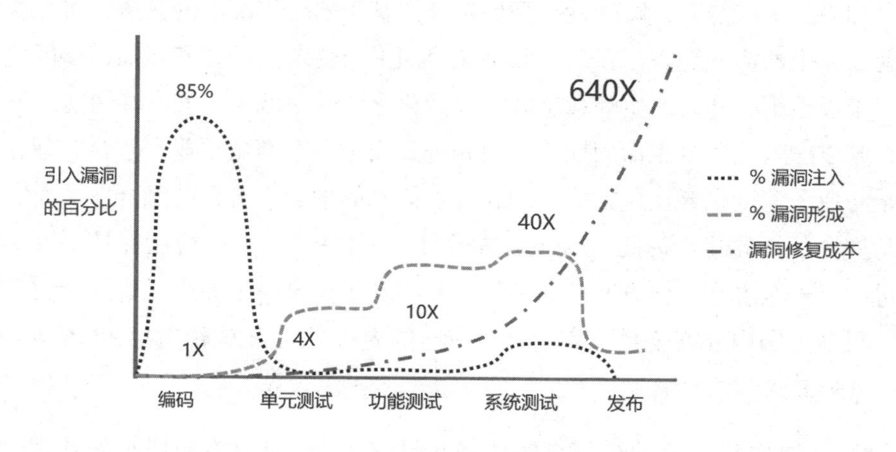

图 7-1 在软件的不同阶段修复漏洞的成本

安全左移是 DevSecOps 组织模式的一部分，旨在尽可能早地在软件交付过程中发现和预防缺陷，确保应用程序的安全性。安全左移意味着在软件开发的早期阶段进行测试和评估，以便在代码基础设施准备好之前就发现潜在的漏洞和安全问题。将软件部署到生产环境中，需要经历五个安全阶段，分别是基础设施安全、源代码安全、部署前的制品安全、部署后的制品安全和制品推送安全。下面将通过这五个安全阶段介绍安全左移的具体内容。

7.1.1 基础设施及源代码的安全

本节重点介绍保障基础设施安全和源代码安全的工具、流程和技术。这里介绍的许多工具和技术都是通过持续集成 / 持续交付（CI/CD）步骤实施的，通过这些步骤可以在系统创建制品之前识别基础设施和源代码中的安全威胁。

1. 基础设施安全

基础设施安全是开发安全的基础。如果将应用程序部署到存在问题的基础设施上，可能会引入常见的攻击向量，如中间人攻击。因此，应该从一开始就确保基础设施安全。确保基础设施安全的一个关键要素是使用声明式基础设施。声明式基础设施通常被称为“基础设施即代码（IaC）”。它将基础设施组件定义为代码，在代码库中管理组件，并确保基础设施组件接受与应用程序功能代码相同级别的检查。

使用声明式基础设施的另一个好处是能够提高基础设施资源（如 Kubernetes 集群）的重新部署频率。业界通常的做法是将资源生命周期限制在以天为单位的固定期限内，定期强制重新部署基础设施可以降低配置漂移的可能性。当资源配置偏离代码库中所需的状态时，就会出现配置漂移。完全自动化的声明式基础设施允许使用不可变的基础设施实施模式，这种实施模式不允许通过直接交互改变资源状态，缩减了整体安全攻击面。

有关 IaC 安全的更多信息，请参见 7.3.1 节。

2. 源代码安全

在正式提交代码之前，组织可以通过自动化工具和安全控制措施发现代码质量问题、安全漏洞、内存泄漏等。下面介绍具体的安全控制措施和自动化流程。

（1）自动化测试缩短响应时间

所有被提交到软件配置库中的代码都应在持续集成工具中运行，并实现自动化测试。这是确保源代码安全的基础。实现充分的自动化测试可以降低代码回归或引入新 bug 的概率，从而降低部署新代码带来的风险。代码安全保护的原则是在 CI/CD 管道流程的早期进行自动化测试，并在每次提交代码时都执行。

（2）选择内存安全的语言

微软研究发现，在每年通过安全更新解决的漏洞中，约 70% 是内存安全问题。这表明使用内存安全的语言与降低内存漏洞风险之间存在关联。由于内存漏洞难以检测，因此可以通过使用本身支持内存安全的语言来降低风险。例如，Rust、Golang、Haskell、C#、F#、D、Java、Nim 和 Ada 语言都被认为是内存安全的。如果不能使用这些语言，则可以考虑使用模糊测试对应用程序进行压力测试，及早发现漏洞。

（3）全面有效的变更管理

为了优化软件变更管理，建议实施源代码管理（SCM）流程。开发人员在功能分支上开发新功能，完成后创建拉取请求，而非直接将其推送到主分支。在将功能代码合并到主分支之前，应该由代码的负责人员对其进行审查，并使用安全扫描软件对其进行检测，确保每次代码变更都经过审核。如果组织没有专门的代码审查小组，则可以使用 CODEOWNERS 文件，在其中指定项目相关人员，平台可以自动将这些人员加入代码审查小组。CODEOWNERS 文件允许按整个代码库或特定目录指定代码所有者。利用这一机制，可以确保所有的代码变更都由相关人员审核，优化了软件变更管理流程，提高了代码的质量和稳定性。

（4）确保代码的真实性

确保源代码安全的基础是能够验证贡献者添加到版本库中的代码。每个主要的 Git 仓库服务都有一种安全机制，贡献者可以使用分布式密钥对所提交的代码进行数字签名——对数字签名使用公开共享的密钥进行验证。通过实施签名提交，并在版本库中设置安全控制措施以禁止未签名的提交，就可以验证被提交到版本库中的代码。

（5）及早识别恶意代码

在 CI 管道的早期自动检查源代码中的语法和风格错误，可以发现由语法失误导致的潜在漏洞。使用静态代码分析工具可以检测出未使用变量、无法访问代码、数组越界等语法问题。如果要检查代码逻辑错误，则需要利用自动化测试工具，这可以在 CI/CD 管道中实现。对代码进行检查和测试，可以大大提高代码的质量和安全性。

（6）避免暴露敏感信息

为了防止源代码中含有的敏感信息进入代码库，例如加密密钥、密码和个人身份信息等，应采取多层防护机制。其一，可以使用基于正则表达式的扫描工具主动识别代码中的敏感信息；其二，可以在本地和服务器端启用预提交钩子，在提交代码前对其进行扫描并拒绝提交包含敏感信息的代码，避免敏感信息进入代码库；其三，在服务器端运行钩子脚本，防止开发者绕过客户端钩子；其四，定期扫描所有的代码分支，如果在功能分支发现问题，则应采取重写提交历史和限制合并到主分支的措施，避免敏感信息进入主代码库。综合运用以上机制，可以最大限度地减少源代码泄露敏感信息的风险。

（7）日志记录和构建输出

CI/CD 管道生成日志文件可以提供调试和反馈信息。在确定哪些日志输出需要从构建作业和脚本中生成时，要谨慎考虑。某些任务可能需要在不启用任何日志记录的情况下执行。为了防止意外泄露密钥、个人身份信息和敏感信息，几乎所有的 CI 工具都提供了隐藏程序来保护嵌入在 CI 中的密钥。此外，也可以使脚本独立于 CI 构建，并在构建步骤中执行，以确保用户不会在 CI 中暴露任何密钥。最高级别的保护是在命令之间传输信息，而无须将敏感信息传输到标准输出（stdout）或日志文件中。

（8）许可证管理

软件许可证规定了可接受的代码使用方式和再分发范围。许可证问题并不是严格意义上的安全问题，但确实涉及财务和合规的问题。如果组织因许可证限制而被迫公开软件，那么该问题最终会变成安全风险。例如，Copyleft 禁止添加专有软件。CI/CD 管道至少应该有一个许可证收集工具，用于收集依赖项的开源软件许可证。如果在代码库中引入了不需要的许可证，那么在更先进的工具中可以采用共享策略允许管道失败。

通过实施上述措施，组织可以有效地提高代码的安全性和质量，减少代码问题导致的安全漏洞和其他潜在风险。

7.1.2 制品部署及推送安全

本节重点介绍保障部署前后的制品安全和制品推送安全的工具与技术，目标是在将组件引入环境中之前，识别组成应用程序的组件的漏洞和安全风险。

1. 部署前的制品安全

容器因端口开放、权限提升、基础镜像被污染、开源库漏洞等存在多种风险。为了确保部署前容器镜像的安全性，可以使用多种工具和技术将源代码转换为不可变的应用程序二进制文件或容器镜像，并通过生成证据链来证明其质量和安全性。然而，大多数容器镜像是在基础镜像之上构建的，而基础镜像本身可能就存在很多漏洞。为了降低基础镜像漏洞带来的风险，可以使用多阶段 Docker 构建镜像，而不使用易受攻击的基础层来构建镜像，只保留应用程序二进制文件和必要的基础层。此外，应该选择依赖性最小的基础镜像，比如 Linux 最小基础镜像，避免引入不必要的组件漏洞。采取如下措施，可以最大限度地减少容器镜像中的漏洞和安全风险。

（1）最小基础镜像

移除所有非必要的操作系统依赖项，既可精简镜像，也可减少威胁载体。其优势在于可以避免攻击者利用不必要的组件，例如，移除 ssh 可减少对应的攻击，移除 shell 可减少入侵后可操作的空间。

（2）托管虚拟机镜像

通过托管虚拟机镜像，组织可以开发自己的不可变的通用基础镜像模板——使用自动化工具设计镜像模板，在 CI/CD 管道中构建镜像模板，并将其发布到私有库。使用镜像模板可以实现最新补丁和库的一致性镜像构建。这种镜像模板就是一种黄金镜像，可以大幅提高安全性。

（3）制品资源库

制品资源库可以起到共享依赖库的集中托管平台的作用，也可以充当公共资源库的缓存，组织可基于它来进行库的管理和策略的实施。但制品资源库存在被利用的风险，应该限制访问它，将公共库与私有库隔离，并使用一致性机制验证制品的完整性。对制品资源库的访问权限要精细管控，确保只有 CI/CD 账户可写，避免被入侵，并且应将制品版本化并设置为不可变。快照制品复杂度高，仅适用于非生产环境，不建议使用。

（4）容器镜像分析与扫描

对发布到制品资源库的容器镜像进行 CVE（通过漏洞披露）扫描，如果在扫描过程中发现已知的 CVE 漏洞，则会生成对应的元数据。对于这些元数据，可以基于镜像内容的哈希值（即镜像摘要）进行存储，镜像摘要可以证明镜像的完整性和不变性。业界开源项目 Grafeas 提供了收集与存储制品元数据的框架和 API。基于此，可以构建容器分析 API，在扫描镜像后自动将 CVE 元数据提交到该 API。然后，在 CI/CD 管道中，在将镜像部署到生产环境中之前，添加查询容器分析 API 的步骤，根据事先定义的 CVE 安全策略要求，判断镜像的 CVE 扫描结果是否达标，不达标的镜像将导致 CI/CD 构建失败。

（5）应用程序依赖性分析

为了进一步评估应用程序的依赖性，可以采用库扫描构建工具，以确保在构建过程中不会包含易受攻击的元素。例如，将 Java 应用程序编译为 Uber JAR、.NET、Maven 或 Gradle 的 Java 应用程序，可以使用 OWASP 依赖项检查器来验证依赖性。Python（Safety）和大多数有外部依赖关系的现代框架也都有相应的分析工具。

通过采取上述措施，可以有效提高容器镜像的安全性，减少安全漏洞，保护部署环境免受攻击。

2. 部署后的制品安全

在 CI/CD 管道的这一阶段，已准备好将不可变制品部署到生产环境中。由于不可变制品的静态性质，在部署不可变制品时需要使用一些工具、流程和技术，而这些工具、流程和技术会增加或偏离传统的部署流程。因此，在注入配置、提供密钥和处理状态时会遇到一些问题。在只暴露特定服务端口时，也会面临访问方面的挑战。为了降低跨功能干扰的可能性，同时避免延长漏洞解决时间，应该隔离测试配置和状态的变更情况。

（1）使用外部密钥管理服务保护密钥

使用外部密钥管理服务可以实现集中化管理密钥、简化密钥的使用，提高安全性。具体来说，可以根据 IAM 权限控制密钥访问，使用与环境无关的统一密钥名，避免泄露环境信息。将密钥托管在外部可以大幅降低泄露的风险，并通过集中管理、启用审计日志等手段来提高安全性和运维效率。

（2）制品结构测试

使用无发行版的基础镜像构建不可变镜像，再进行制品结构测试，可全面验证镜像质量是否符合安全策略要求，为后续部署提供坚实的安全基础。

（3）Docker 容器制品

验证通过镜像创建的容器，检查元数据、Docker 层的内容，识别二进制文件和可执行文件。例如，验证除了必需的库，不存在其他的库，或者基于无发行版的镜像，验证是否存在系统二进制文件，以全面验证镜像配置是否符合要求。

（4）虚拟机镜像制品

验证虚拟机镜像是否可以使用 KitchenCI、Gauntlet、BDD–Security 等框架，或者通过 Bash 脚本实现。验证重点包括镜像的物理安全配置及功能测试，如网络可见性、身份验证和端口访问等。

（5）动态应用程序安全测试

动态应用程序安全测试（DAST）用于识别已部署应用程序中的功能漏洞，主要方法是通过代理拦截流量测试和基于爬虫抓取端点测试。一般在测试环境中使用爬虫，在生产前使用代理，或者两者都使用以权衡速度和完整性。使用 DAST 可以提高部署的安全性，发现已知的漏洞和常见软件模式的漏洞。

（6）隔离测试环境

渐进式开发环境存在一致性和共享资源竞争的问题。利用云平台弹性创建并隔离测试环境可以解决这些问题。声明式基础设施可以按需创建临时环境，用于功能测试并在测试结束后销毁环境。隔离测试环境适合 CI 管道，可以提高代码的开发效率和稳定性。

总之，在部署不可变制品时，需要采用一系列的工具、流程和技术来确保安全性，同时要注意管理配置变更和端口访问控制，以减少潜在的风险和干扰。

3. 制品推送安全

通常制品会被从一个环境推送到另一个环境。为了尽量减少回归测试，在整个过程中需要进行功能验证并获得信任。这就要引入用于获取信任的工具。下面介绍的技术和工具是专门针对容器制品的，而对于虚拟机部署管道，可以遵循相同的原则，获得类似的结果。

（1）证明、签名者和验证者

目前采用自动化收集和加密签名的数字证明。证明是对观察结果的加密证据。CI/CD 管道的证明与事件结果相关，如测试成功或容器扫描结果。签名者使用私钥对证据进行加密签名，生成证明。验证者使用公钥验证签名。签名通常在允许的后续操作前进行。

（2）制品推送

常见的软件开发生命周期（SDLC）模式是首先在开发环境中构建制品，然后将其推送到不同的环境中进行测试和验证。每通过一个环境就获得一个证明，根据累积的证明，可以在环境间推广制品，最终将其部署到生产环境中。传统的通过邮件等方式获得的人工证明容易出错。应该为每个环境都配置自动化证明策略，基于一系列递进的证明来部署下一个环境，避免意外部署。CI/CD 管道可被视为协调事件序列，其自动将制品推送到任何环境中。因此，需要捕获测试和验证过程中的信任证明，以控制制品的推广。

（3）策略管理

声明式基础设施的发展趋势是将治理和合规政策编码为策略即代码（PaC）。

PaC 提供了策略执行的透明、可移植的数字方式，可以在整个软件开发生命周期中测试和自动化变更策略。在 Kubernetes 中，开放策略代理（OPA）通常被作为策略执行机制，策略以 Rego 语言构建并被应用于 Kubernetes 资源对象。策略执行主要是通过 CI/CD 管道强制验证或 Gatekeeper 准入控制器在部署时验证两种方式实现的。

（4）建立统一的阈值

使用策略工具设置多级阈值对问题进行分类，通常采用层级方式，如低、中、高或信息、警告、错误等。为了确保策略在不同系统中的一致性，尤其是在多语言环境下，组织需要为每个阈值级别定义统一的语义，明确它们的语义含义与实际影响之间的对应关系。例如，可以根据通用漏洞评分系统（CVSS）为镜像分析结果定义低、中、高风险级别，并为每个级别的具体部署制定策略约束。这样可以帮助组织将镜像分析结果可靠地转化为实际的部署决策，从而提高策略执行的效果和一致性。

（5）运行时执行模式

策略管理工具可以在不同的运行时模式下运行，这些运行时模式会影响策略执行的级别，以及在发现问题时所采取的后续行动。策略执行的范围可以是严厉的执行行动（如拒绝部署），也可以是轻微的执行行动（如记录问题并继续执行）。在后一种情况下，会记录违规行为，但允许继续部署，不会采取任何阻止措施。策略管理工具可以让用户自定义阈值和运行时执行模式，从而提高操作的灵活性。

（6）外部策略库

策略应独立于应用代码库而被单独管理，遵循 CI/CD 模式，增加测试以确保策略变更不会影响生产环境。应该在适当的阶段将策略加入 CI/CD 管道，以针对基础设施和应用资源执行策略验证。

（7）制品部署策略

创建二进制制品部署策略，以定义对存在或不存在的证明的响应。集群环境可能会拒绝不符合现有部署策略的制品。准入控制器使用与镜像摘要相关的证明，并与集群的策略进行比较，以允许或拒绝集群中的镜像。这些限制被称为“准入规则”。

（8）基础设施策略执行

策略管理适用于 CI/CD 管道的所有阶段。将 IaC 作为 CI/CD 管道实施是一种最佳做法——可以针对预先部署的基础设施执行 PaC。组织通过安全左移，可以在保证开发效率和运营质量的同时实现安全能力。在 CI/CD 管道中可以配置策略，以便在部署制品前识别在构建中发现的任何漏洞或违规行为。

（9）基于代码的策略最佳实践

使用软件安全性检测工具通常可设置多种阈值，建立安全基线并提供维护的灵活性。至少应设置警告和致命二级阈值，并定期评估策略，避免策略过时带来风险。

通过结合使用以上技术、工具和策略，可以有效保障制品推送安全，从而确保软件产品的质量和安全性，提高开发效率。

7.2 安全右移，保护应用程序及 API 的安全

安全左移是云安全方案的关键部分，而运行时作为 DevSecOps 的另一个重要阶段，所涉及的安全右移同样至关重要。运行时会存在不同的攻击载体，例如勒索软件攻击、挖矿或其他攻击等，这是通过安全左移阶段的自动化测试与扫描无法解决的问题。由于每天都会发现容器、Serverless 的漏洞，因此，即使它们当前看似安全，未来也可能会成为新披露漏洞的潜在受害者。

此外，运行时可见性还有助于改进左移实践。用户可以将在运行时发现的问题与底层代码关联起来。运行时的威胁情报也可以被反馈到静态安全测试中，以便知道在运行应用程序的容器中实际执行了哪些软件包。这样一来，开发人员不必再关注未使用的软件包的漏洞，而只需专注于修复可能被利用的、运行中的漏洞。

7.2.1 云工作负载保护

组织上云后，面临的威胁增多，工作负载成为运行时阶段的首要保护对象。如今的工作负载已经不是单纯的服务器，还包括虚拟机、容器、Serverless 等，

部署模式包括公有云、私有云、混合云甚至多云等多种方式。从图 7-2 可以看出，云工作负载支撑着应用程序所需的数据计算、传输（网络）和存储等功能，而且工作负载的粒度日益细化，运行时间也越来越短。这些工作负载通常被部署在本地、第三方数据中心或公有云中。

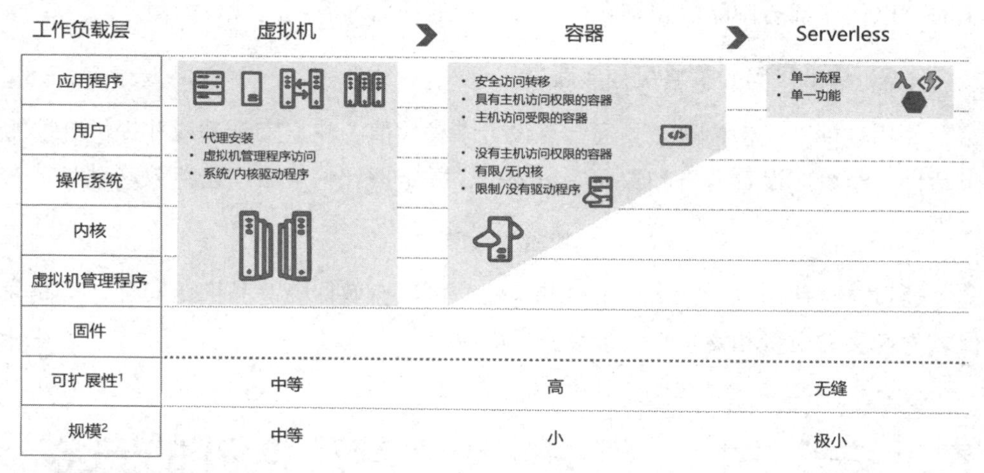

图 7-2 云工作负载的类型

根据工作负载的类型及其支撑的应用程序，工作负载可以长期存在，也可以只存在几秒钟。例如，服务器预期运行多年，虚拟机可能每月或每周重启一次，而容器可能只使用一次就被销毁了。要实现对粒度日益减小的工作负载的持续防护，需要一个专门面向工作负载的综合防护平台，以一致和连贯的方式管理不同类型和不同位置的工作负载。基于此，云工作负载保护平台（CWPP）应运而生。根据 Gartner 的定义，云工作负载保护平台是指以工作负载为中心的安全产品，能够保护混合云、多云数据中心架构中服务器的工作负载的安全。

在 DevOps 环境中，云应用程序会被快速部署到生产环境中并频繁发生变更。由于许多应用程序面向公众，因此难以对其进行监控并确保其安全。CWPP 提供了一种低摩擦且可扩展的解决方案，用于实施云工作负载的防护。

- 对云工作负载的监控与异常检测：CWPP 跟踪工作负载，并且通过异常检测来告警潜在的攻击并报告攻击上下文。

- 更全面地了解并保护工作负载安全：CWPP 支持自动识别虚拟机或容器中的漏洞。其可以检查工作负载的各层，并自动监控、告警和扫描工作负载内已知的漏洞或易受攻击的端口配置，包括公开可访问的端口。
- 在快速开发中最小化安全风险：为了有效应对云开发的快速节奏，CWPP 被集成到开发环境或部署环境中。因此，在软件开发期间可以快速发现安全问题，当出现问题时也更易解决。这显著减小了遭受攻击的时间窗口。
- 在混合云环境中实现全面的可见性：组织利用 CWPP 可以实现跨多个账户、被托管在不同的云区域、不同的云服务商提供的所有工作负载的全面可见性，并实现统一管理，降低管理的复杂度，减少错误风险。

随着云工作负载的粒度不断变小，CWPP 的安全防护已经向左延伸到开发环节，可以全面扫描开发中的已知漏洞和配置风险。在运行时阶段，CWPP 通过应用控制、行为监控、基于主机的入侵检测等安全能力，保护工作负载免受攻击。图 7-3 展示了 CWPP 在工作负载整个生命周期中的安全防护能力。

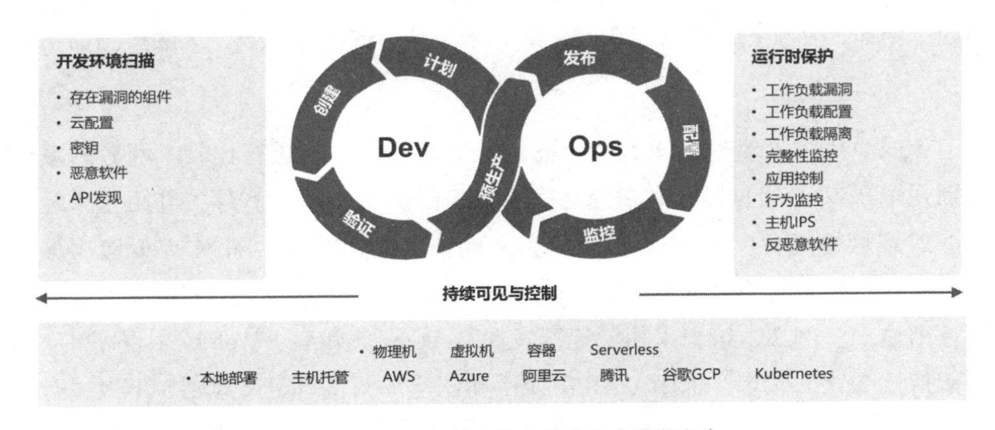

图 7-3　CWPP 保护工作负载全生命周期安全

CWPP 可以实现跨物理机、公有云、私有云、混合云等多种数据中心环境的安全防护，其防护的云工作负载的类型包括：基础设施即服务（IaaS）和平台即服务（PaaS）的计算实例、容器，以及运行在物联网（IoT）上的工作负载。对于云工作负载而言，并不是所有的安全功能都是必需的。组织可以根据工作负载的使用情况、工作负载的暴露程度和自身的风险偏好有选择地使用具体的安全功能。

7.2.2 Web 应用程序和 API 的保护

随着组织迁移上云，攻击者将 Web 应用程序和 API 视为进入系统的第一攻击向量。Web 应用程序和 API 已成为大多数网络犯罪活动的主要目标。数据泄露、勒索软件、钓鱼欺诈等都是由于对 Web 应用程序和 API 进行破坏与滥用而发生的。一旦攻击者入侵 Web 应用程序或 API，他们就可能会窃取敏感数据、安装勒索软件、通过欺骗用户获取其凭据、利用 Web 应用程序控制网络设备等。因此，Web 应用程序和 API 保护方案对于保护组织的关键基础设施至关重要。

1. Web 应用程序和 API 保护的关键能力

Web 应用程序和 API 保护（WAAP）是由 Gartner 的 Adam Hils 和 Jeremy D'Hoinne 提出的，具体描述了为保护易受攻击的 API 和 Web 应用程序而创建的云服务。这些云服务通常包括 Bot 缓解、API 安全保护和分布式拒绝服务（DDoS）攻击防御等。WAAP 的出现解决了使用传统方案不能有效保护 Web 应用程序的问题。例如，基于签名的攻击检测失效、基于端口的阻断无效、无法检测加密流量等。

Web 应用防火墙（WAF）经常被拿来与 WAAP 方案进行比较。两者的主要差别在于，WAF 通过监控和过滤网络流量来保护 Web 应用程序，并阻止未经授权的或恶意的流量；而 WAAP 方案结合 WAF 和 API 安全，针对 Web 应用程序和 API 攻击提供了更全面的防御。随着 Web 应用程序的发展，WAF 能力的有限性逐渐显现。例如，组织采用敏捷开发和 DevOps 实践后，Web 应用程序和 API 处于持续变化的状态，采用 WAF 需要手动创建和调整自定义规则，不太适合快速变化的应用程序。

在多云环境中，组织需要建立一个复杂的功能矩阵来实现有效的安全控制。因此，基于云代理的运行时保护和 WAAP 服务更适合多云环境。完整的 WAAP 服务可以保护用户的 Web 应用程序和 API 免受广泛的攻击，其能力如图 7-4 所示。

图 7-4 WAAP 服务能力

WAAP 服务提供了一系列集成的安全功能，如下一代 WAF、微服务和 API 防护、DDoS 攻击防御等，这些功能可以帮助组织保护其 Web 应用程序和 API 免受广泛的攻击。

- 下一代 WAF：在应用层部署下一代 WAF 可以保护和监控 Web 应用程序免受广泛的攻击。下一代 WAF 与传统 WAF 不同，它通过行为分析和人工智能来阻止攻击，而不仅仅依赖已知的攻击模式和手动设置的安全规则。
- 运行时应用程序自我保护（RASP）：RASP 被嵌入应用运行时，为 API 和 Web 应用程序提供实时的攻击防御。
- 恶意机器人防御：隔离和阻止来自可疑机器人的攻击，同时允许安全的机器人流量访问应用程序。
- DDoS 攻击防御：防御针对应用程序、API 和微服务的 DDoS 攻击，在应用层和网络层提供防御能力。
- 高级速率限制：在应用层防御影响网站和 API 性能的恶意活动。
- 微服务和 API 防护：在微服务、应用程序或 Serverless 函数中内置安全控制措施，为所有的单个服务提供安全保护。

- 账户窃取防御：防御攻击者利用数据转储和密码列表中已泄露的凭据，并检测攻击者是否进行了未经授权的账户访问。

WAAP 提供集中式管理、高级威胁分析和自动化响应等功能，不仅提高了安全防御能力，还减少了管理开销，使得组织能够更好地应对日益复杂的网络威胁。

2. Web 应用程序和 API 保护的最佳实践

WAAP 服务可以使 Web 应用程序和 API 免受顶级攻击，但这仍需要对其进行正确的开发和实施。下面介绍三种确保 Web 应用程序和 API 安全的最佳实践。

（1）API 网关管理

API 网关是 API 和微服务的单一入口点，位于微服务和其客户端之间，可以根据每个客户端的需求定制 API。API 网关的主要用途是通过授权和验证、请求节流、IP 地址白名单、速率限制、负载均衡和日志记录来确保微服务安全。API 网关还提供了跟踪 API 使用情况的监控功能。在与下一代 WAF 或 RASP 结合使用时，API 网关可以提供真正的深度安全防御，防止 Web 攻击。

（2）身份验证和授权登录

身份验证旨在确认用户的身份，授权则验证用户是否获准访问其请求的资源。随着 API 和微服务的兴起，身份验证和授权已从时间点事件（例如，通过密码对一个 Web 应用程序进行身份验证）转变为对整个活动的持续授权。持续授权模式将安全信号直接集成到验证和授权决策中。通过在交易的每个步骤和所有活动中（而不仅仅是在边界处）纳入安全信号，就能够在账户被入侵时快速做出决策。进行适当的身份验证和授权，可以保护 Web 应用程序和 API 免受各种攻击，包括对象级授权中断、功能级授权中断、身份验证中断和敏感数据泄露，同时为最终用户提供无摩擦的体验。

（3）高级速率限制

高级速率限制利用阈值和节流来防止应用层的滥用行为，从而避免对网站和 API 性能造成负面影响。识别、限制或阻止可能导致滥用行为的请求，能确保为合法客户提供资源。高级速率限制可以防止暴力攻击和账户接管攻击、应用程序和 API 拒绝服务（DoS）、恶意大容量脚本、网站内容抓取、API 滥用以及无意的 API 过度使用。

通过实施这些最佳实践，可以显著提高 Web 应用程序和 API 的安全性，屏蔽各种潜在的安全威胁。

7.2.3 微隔离

在传统安全中，组织使用各种安全工具保护网络边界（主要是防火墙），重点是屏蔽网络与外部流量源之间的南北向流量。随着云计算进一步发展到云原生阶段，情况变得更加复杂。一方面，数据中心内部和分布式系统之间的东西向流量急剧增长，边界防御越来越困难；另一方面，随着 CI/CD 管道的使用及 DevOps 思想的实践，软件交付速度大大提高，业务变化非常快，导致传统的隔离规则难以跟上业务发展的步伐。而且，在应用了微服务、容器等云原生技术后，其中的网络关系对组织缺乏可见性，急需微隔离。

1. 微隔离实现自动化安全管理

微隔离可以将传统隔离扩展到云工作负载，定义并动态应用隔离策略。微隔离使用的是主机工作负载，而不是子网或防火墙。这种基于主机的微隔离利用工作负载监测实现资源可视化，并通过可读的标签（而非 IP 地址或防火墙规则）将自动隔离策略落实到位。通过微隔离，可以创建多种策略规则，实现策略的统一管理，做到安全工作流的自动化，如资源调配、威胁响应，以提高数据中心的准确性和整体安全性。

（1）微隔离可以应用多种安全策略

组织可以根据工作负载的属性进行智能分组，并应用适当的安全策略，实现有效的安全防护。一般可以通过多种方式创建安全策略规则。基于网络的安全策略是通过对第 2 层或第 3 层的元素进行分组来实现的，例如媒体访问控制（MAC）或互联网协议（IP）地址。组织需要了解网络基础设施并部署基于网络的安全策略。对于有效的基于基础设施的安全策略，需要安全团队和应用程序团队之间的密切协调，以理解数据中心内的逻辑和物理的边界。基于应用程序的安全策略需要对数据中心的元素进行分组，例如应用程序类型（如标记为“Web_Servers”的主机）、应用程序环境（如所有标记为“Production_Zone”的资源）和应用程序安全态势。其优点是安全策略可以与应用程序一起迁移，并且可以跨类似的应用程序类型和工作负载实例创建并重用策略模板。总体来看，基于基础设施和基于应用程序的安全策略提供了更好的微隔离安全模型。

（2）微隔离可以实现策略的统一管理

云计算实现了更高的业务敏捷性，也带来了更快速的变化。过去主要通过防火墙实现隔离，在部署防火墙时同步配置安全策略，之后基本不做调整。进入云计算时代，分布式工作负载变得异常分散且复杂，组织只能在安全与业务之间二选一。要安全，业务就无法快速交付；要业务，就无法进行有效的安全管理。这种局面促进了软件定义隔离这种技术形态的出现。软件定义隔离与传统防火墙最本质的区别在于其对策略的集中、统一管理。原则上，安全管理者不需要了解控制点的位置，也不需要对每一个控制点都进行策略的配置和维护，这些工作都将由策略管理中心来自动完成。

（3）微隔离可以实现自动化威胁响应

云时代的攻击不仅复杂，而且变化迅速，因此需要自动化的安全工作流来实现快速的安全响应。目前，攻击者可以很容易地绕过静态安全控制策略。微隔离可以通过细粒度的安全控制策略阻止攻击。例如，微隔离通过实施安全策略，在特定的多层应用程序体系结构中提供安全性。在正常的操作条件下，采用此策略只执行基本的安全访问控制和恶意软件扫描，对应用程序性能的影响被降到最小。但是，如果检测到恶意软件威胁，则可以立即对应用程序及其受影响的组件进行隔离，防止攻击者横向移动。

微隔离技术通过提供基于主机的细粒度访问控制、自适应策略调整以及强大的可视化管理功能，可以有效提高数据中心和云环境的安全性与管理效率。这些特点使得微隔离成为现代企业网络安全架构中不可或缺的一部分。

2. 微隔离的部署实施

微隔离的核心设计原则包括：分离和分隔、单位级信任 / 最小权限、普遍性和集中控制，如图 7-5 所示。

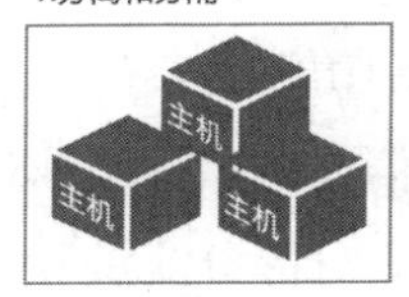

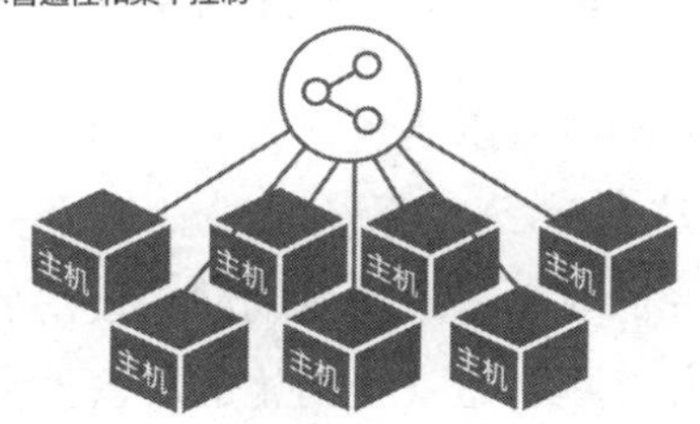

图 7-5 微隔离的核心设计原则

组织要实现微隔离的单元级零信任模型，首先需要充分了解数据中心内的流量，然后分析工作负载之间的访问关系，最后创建一个与工作负载的安全需求相一致的策略模型。下面介绍微隔离部署实施的具体过程。

（1）了解并确定网络流量

通过查看防火墙的现有规则，将南北向流量和东西向流量分离并进行分析，可以发现流量效率低下或可能被利用的安全漏洞。利用各种流量监控工具，如 IPFIX（NetFlow）或 syslog，可以收集和分析这些流量，并可以与现有的防火墙进行关联。

（2）识别流量模式和访问关系

将现有的外围防火墙的规则与通过流量监控工具收集流量的模式相关联，为微隔离模型提供了一组初始安全策略。这种流量模式可以帮助用户深入了解数据中心内部存在的关系，有助于定义适当的隔离区域，并实施相应的管理策略。

（3）创建并应用策略模型

要启用微隔离的单元级零信任模型，需要从“默认块”策略模型开始，这个模型不允许数据中心的各个工作负载之间进行通信，就像银行的每扇门和每个抽屉都被锁上一样。然后，根据对流量模式和访问关系的分析，定义安全策略，再根据需要逐步打开工作负载之间的特定通信通道。这是通过微隔离保护数据中心的最佳实践方法。对于用户来说，数据中心有部分流量和关系很难理解。在这种情况下，要谨慎地使用“默认允许”策略，以防止应用程序的服务中断。接下来，关闭识别出的不适当的通信通道，以阻断这些主机之间的通信。最后，根据工作负载和应用程序、用户、数据上下文随时间产生的变化，调整安全策略模型以满足工作负载不断变化的安全需求，提供不间断的安全控制。

总体来看，组织通过微隔离可以实现强大的东西向流量控制。微隔离技术可以控制网络边界的流量，这是 VLAN 系统无法做到的。同时，微隔离技术可以最大限度地减少攻击面，降低攻击者成功发动网络攻击的风险。而且，通过微隔离能力，能够找到、隔离并控制绕过安全措施的攻击者。对于组织来说，微隔离技术使用软件来保护网络，不需要访问控制列表和单独的防火墙设备，大大提高了运营效率。

7.2.4 运行时应用程序自我保护

近年来，应用程序已成为黑客攻击的重要路径，黑客可以利用应用程序中的漏洞、配置错误或开放端口等管理疏漏进行攻击。而传统的网络和基础设施安全措施，如 Web 应用防火墙（WAF）或入侵防御系统（IPS），通常用于监控网络流量和用户会话以识别可疑活动，但这些工具无法监控应用程序内部的流量和数据，使组织容易受到应用层面的攻击。运行时应用程序自我保护可以有效解决应用层的安全威胁问题。该技术是 Gartner 提出的，它将安全功能嵌入应用程序内部，可以实时收集应用程序数据并在其上下文中进行评估，提供了传统安全工具无法匹敌的精确性和主动性。

1. 运行时应用程序自我保护的工作机制

运行时应用程序自我保护（RASP）通常以代理的形式被部署在服务器中，不需要改变应用程序代码，不会影响应用程序的设计和持续维护。它为运行于其中的应用程序添加安全检查，通过持续评估应用程序的调用，确保调用的安全性。当检测到一个看似不安全的调用时，RASP 会介入并阻止它。例如，中止可疑的用户会话或者拒绝执行特定的应用程序。RASP 还可以针对应用环境中的实时恶意行为提供及时、准确的安全警报，便于快速响应攻击事件。表 7-1 展示了 RASP 可以有效防御的威胁种类。

表 7-1　RASP 可以有效防御的威胁种类

分　类	攻击类型
注入	SQL 注入
	命令注入
	LDAP 注入
	NoSQL 注入
	XPATH 注入
失效的身份认证和会话管理	篡改 Cookie
	后台爆破
敏感数据泄露	下载敏感文件
	读取任意文件
	查询数据库
	列出文件目录
XML 外部实体（XXE）	XXE
失效的访问控制	上传任意文件
	跨站请求伪造（CSRF）
	服务器端请求伪造（SSRF）
	文件包含
安全配置错误	打印敏感日志信息
	执行 Struts OGNL 代码
	执行远程命令
跨站脚本（XSS）	反射型 XSS
	存储型 XSS

续表

分　类	攻击类型
不安全的反序列化	反序列化用户输入
使用含有已知漏洞的组件	资产弱点识别
不足的日志记录和监控	Webshell 行为

有人会将 RASP 与 WAF 混淆，这两种技术实际上是不同的。WAF 通常位于 Web 应用程序的前端，检查进入的 HTTP 请求是否包含已知的攻击载荷和异常的使用模式。WAF 使用基于已知攻击形式的静态规则来检测潜在的恶意活动，非常适合防御的攻击要素包括：大流量（DDoS）、爬虫自动化、账户接管（凭据爆破）和 API 攻击（南北向流量）。但 WAF 通常需要经过一个学习期才能生效，且不够敏捷，无法拦截之前未出现过的新攻击。

RASP 在 WAF 或下一代 WAF 之后提供了关键的攻击预防层。RASP 与传统 WAF 不同，它与应用程序代码紧密结合。RASP 使用上下文感知检测威胁，并确保特定载荷无法利用应用程序代码中未知的漏洞。这种方法的误报率很低，同时可以高效发现未知的应用程序漏洞。

WAF 和 RASP 并非相互替代的关系，而是相辅相成，可以为组织提供更全面、更强大的应用程序安全保护。利用 WAF 可以了解发送到应用程序的请求类型，例如某人的请求是否可疑，是否正在暴力破解密码或探测应用程序的漏洞。利用 RASP 可以检查应用程序如何处理这些请求，发现应用程序可能存在的漏洞。所以，结合使用 WAF 和 RASP，可以全面保护企业应用程序的安全。

2. 运行时应用程序自我保护的具体能力

由于云计算的兴起和移动设备的激增，组织边界越来越模糊，防火墙和 WAF 的安全有效性降低。同时，随着新技术的不断演进，DevOps 开发模式不断被利用，Web 应用程序的开发相比过去更高效。随之而来的是黑客的攻击手段多变，而 DevOps 团队成员不都是安全专家，难以保证应用程序的安全性。利用 RASP 可以实时检测黑客对应用程序的攻击，它是 DevOps 开发模式下的极佳选择。以下几种场景重点展示了 RASP 的具体能力。

（1）减少漏洞积压

组织的漏洞随时间不断增加，一些含有已知漏洞的应用程序经常被推进生产环境，因为它们往往用来执行关键业务功能。为此，组织可以通过产品上线前的应用程序安全测试（AST）发现漏洞，并减少漏洞积压。例如，如果组织使用了 RASP 功能，那么超过 95% 的积压的漏洞可能不再需要开发人员修复。因为 RASP 可以在生产环境遭到攻击时主动防御威胁，这极大地提高了组织的业务效率并节省了资源和成本。

（2）通过 DevSecOps 实现更快速的应用程序发布

在传统的安全实践中，应用程序安全和软件开发生命周期往往难以协调。但是将 RASP 集成到基于 DevOps 的自动化流程中，可以实现更平稳的交付安全，使每个新版本都默认内置安全控制。组织可以更快速地将应用程序推向生产环境，而不必担心安全漏洞。这减少了运维摩擦，增进了团队之间的信任和协作，有助于实现 DevSecOps。

（3）实时可视化生产环境攻击

通过 RASP 可以全面可视化实时攻击（而不仅仅是针对已知的潜在漏洞）。其中丰富的运行时威胁数据可以被集成到安全信息与事件管理（SIEM）系统和日志工具中，通知到开发人员和其他安全产品，如 WAF 或下一代防火墙。RASP 通过暴露关键的运行时安全事件来过滤其他工具的噪声，解决最常被攻击的业务应用的安全、来自外部的泄露事件等问题。通过优化取证和事后分析，安全团队可以更准确地应对漏洞并指导修复工作，以改进开发过程和合规要求。

（4）为 DevOps 团队提供运行时情报

除了提供应用程序安全状况的洞察，RASP 还可以为 DevOps 团队提供运行时情报，类似于开发测试工具（如性能测试和代码扫描）对设计 / 测试阶段的支持。RASP 可以提供应用运行时的可见性（如数据库调用、文件访问、登录事件等）。

（5）保护遗留的应用程序和含第三方代码的应用程序

大多数遗留的应用程序都是使用较老的语言编写的，存在多个版本 / 实例，且没有持续开发或持续支持来修复漏洞。RASP 可以在不需要开发人员参与的情况下保护这些应用程序。此外，RASP 无须接触代码就可以保护开源组件和发现第三方代码中的漏洞。

（6）保护应用程序安全的最后一道防线

如果 WAF 或下一代防火墙是第一道防线，那么 RASP 就是最后一道防线。RASP 是应用程序运行环境的一个组成部分，它可以检测试图在运行时向应用程序注入大量数据或未经授权访问数据库的行为，并具有实时中止会话、发出警报等功能。这使得 RASP 成为现有 WAF 的极佳补充。

（7）优化安全软件开发生命周期（SSDLC）

组织可以使用动态测试和静态测试技术，并在生产环境中使用 RASP 保护应用程序，以完善 SSDLC。RASP 生成的攻击情报将对 SSDLC 的有效性进行改进和优化，确保资源分配和补救措施更加明确。例如，可以将 RASP 插件作为安全编码培训计划的一个有效组成部分。对开发人员进行培训，虽然可以减少编码中的漏洞数量，但通常很难回答“应该修复哪些漏洞”“应该采用白名单还是黑名单”等问题。一种简单的方法是修复主要漏洞，并在部署应用程序时嵌入 RASP 插件来降低次要漏洞带来的风险，而无须在编写或测试应用程序的过程中进行重大改变。

（8）改进安全运营和响应

RASP 为安全团队提供了应用层洞察，使其可以更快速、更轻松、更明智地做出决策，缩短调查周期，优化边界控制。传统上，当安全事件发生时，边界控制只提供源 IP 地址、目标 IP 地址和触发签名的数据。然后，安全团队需要花费大量的时间来验证和测试以确定攻击是否真实，以及应该如何响应。而 RASP 可以实时生成事件报告，实现可视化，最大限度地降低误报，将攻击数据反馈到 SIEM 系统或日志工具中，显示异常的数据库返回等情况。这使得安全管理者可以直观地看到应用威胁，并与其他数据源关联，而无须在底层调查上花费时间，从而实现快速响应。

（9）随时随地保护应用程序

云时代的安全性必须灵活、可移植，既要兼容老的和新的编程语言，又要兼容 Web 应用框架和微服务，支持本地部署、云部署和容器化部署，并能够与各种代码扫描器、日志工具和 SIEM 系统直接集成。RASP 可以提供云中应用程序、数据库以及跨微服务的访问或泄露的可见性，它与应用程序一起运行，记录所有运行时安全事件。从应用程序内部监控数据库活动，可以全面洞悉应用级行为。

（10）减少应用程序安全风险，提高合规性

RASP 可以作为未修复（或无法修复）漏洞的补偿控制措施；否则，这些漏洞会因为不满足合规要求而产生高昂的成本。通过适当的运行时保护和配置，企业可以以快速、准确、易于维护的方式实现合规性。

云原生应用大多通过 Web 和 API 的方式对外提供服务。随着云原生架构下微服务的增多，API 数量激增，而微服务间的网络流量多为东西向流量，无法通过传统的边界防御方式检测到。因此，通过云安全右移，可以实现运行时安全防护，保护云上应用程序及 API 的安全，主要从 Web 应用程序和 API 保护、网络微隔离、云工作负载保护平台、运行时应用程序自我保护四个层面进行安全能力的构建。

7.3 安全下移，保护云基础设施安全

先进云安全方案通过安全下移保护云基础设施安全，主要从基础设施即代码安全、云基础设施授权管理、云安全态势管理三个层面进行安全能力的构建。

7.3.1 基础设施即代码的安全

基础设施即代码（IaC）是一种使用代码来管理和配置基础设施的技术与流程，它支持 DevOps 实践，如版本控制、自动测试、打标签及 CI/CD。通过将基础设施视为代码，IaC 增强了云中基础设施的协作、自动化、可扩展性、可重复性和安全性。

1. 基础设施即代码的安全能力

由于 IaC 使用代码来定义启动和运行资源所需的内容，因此它能够提高云调配的可重复性，实现自动化和规模化。下面介绍 IaC 的主要能力。

- 自动化：IaC 以机器可读模板取代了人工基础设施配置，使开发人员能够通过工作流自动配置、测试和部署基础设施。这可以简化流程，减少人为错误。
- 可扩展性：IaC 可以简化云资源的大规模配置，确保一致性并降低错误配

置带来的风险。无论环境如何，它都能够让团队以一致的方式部署服务，并能够轻松取消未使用资源的配置，从而降低成本。

- 可重复性：IaC 每次都以相同的方式部署计算、存储和网络服务，从而确保部署的一致性。它能够最大限度地减少人为错误，保持高质量标准，实现版本管理、日志记录并符合行业基准。
- 安全性：IaC 通过在不同的环境和云中使用通用语言调配云资源，促进了开发团队和运营团队之间的协作。这种统一的方法有助于理解共享和协调安全实践，从而确保云原生应用的安全。

IaC 是先进且有效的云安全配置管理工具，但是将 IaC 引入堆栈可能会增加资源调配、管理和安全方面的复杂性。所以，组织在应用 IaC 时需要考虑如何将新框架与现有的基础设施准确集成。总之，IaC 利用代码实现自动调配、增强可扩展性、确保可重复性和提高安全性，彻底改变了基础设施管理。它简化了云调配，减少了人工操作，使组织能够高效地管理基础设施，同时保持一致性并降低错误配置带来的风险。

2. 基础设施即代码的安全实践

IaC 是一种快速发展的技术，其利用软件开发原则和实践，使用软件配置基础设施。与传统的 IT 基础设施相比，IaC 可以更高效地交付软件。其自动化解锁了弹性配置的能力，利用该功能可以在不同的工作负载下有效地分配资源。如图 7-6 所示，组织可以采用云 DevSecOps 流程，利用 IaC 在开发的早期阶段执行防护措施，发现错误配置，并在整个 DevOps 生命周期中提供可操作的反馈。

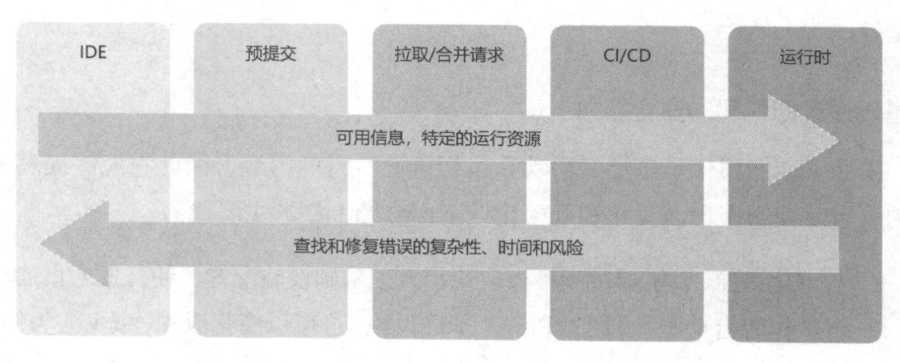

图 7-6 在开发生命周期的每个阶段识别云错误配置

IaC 成为在 DevOps 中实现最佳实践的关键属性，开发人员可以更多地参与配置的定义，而运营团队在开发的早期阶段就参与其中。利用 IaC 工具可以提高服务器状态和配置的可见性，下面介绍具体的 IaC 安全实践。

（1）集成开发环境扫描

要尽可能实现安全左移（除了设计和计划阶段），最好的方法是在集成开发环境（IDE）中嵌入防护措施。这可能会以插件或扩展的形式实现，如 Checkov VS Code 扩展。集成开发环境扫描可以最大限度地减少上下文切换，因此它是发现问题的最经济、最可靠的方法。

（2）预提交钩子

在提交前进行单元测试、集成测试和基础设施安全扫描是公认的最佳实践。在将代码集成到共享仓库前，在本地环境中扫描 IaC 可以及早发现配置错误，这是云原生安全解决问题的最佳方式。本地扫描不会导致构建失败，也不会在拉取请求时出现问题。开发人员可以及时接收反馈并修正问题，或者将扫描结果作为编写安全基础设施代码的基础。其唯一不足的地方是需要开发人员主动进行扫描和修改。

（3）拉取 / 合并请求检查

对于依赖版本控制系统的团队来说，将安全检查融入代码审查流程具有许多优点。根据 CI/CD 构建的触发时机，这种方法可以与 CI/CD 扫描同时使用，也可以取代 CI/CD 扫描。版本控制系统还提供了一些独特的控制措施来实施安全防护。所有主流的代码托管平台如 GitHub、GitLab 和 Bitbucket 都具备版本控制、分支管理、内嵌代码审查、访问控制等功能，使得开发者可以在不影响生产环境的情况下进行测试，并在将代码合并到主分支之前对其进行持续优化。

（4）CI/CD 工作

CI/CD 管道对于编译基础设施代码并在部署前进行测试至关重要。在这个抽象层级扫描可以发现资源、变量和依赖模块中的配置错误。将基础设施安全检查纳入 CI/CD 管道的另一个优势是，它实现了自动化，可以完全基于工作流进行定制，还可以设置哪些类型的检查会导致构建失败，并直接在 CI/CD 系统中显示反馈。这也是一个协作流程，整个团队可以利用它来审查、拒绝和批准变更。无论是在 CI/CD 中扫描还是在版本控制系统中扫描，这种控制水平都可以促进开发者的协作和提高效率。

（5）运行时安全

需要注意的是，开发者优先的安全方法不排斥传统的运行时云资源监控，因为即使基础设施完全以代码形式定义，也可能存在手动变更导致代码和实际运行状态出现偏差的问题。仅依赖构建时检查可能无法发现实际运行中的风险。运行时扫描基于实际的配置状态进行，是评估配置变化的唯一可行方法。此外，它也满足合规性审计的持续变更跟踪要求。应该结合使用开发者优先的安全方法和运行时监控，以降低风险和满足合规要求。

综上所述，要实现 IaC 的安全，应该为开发人员提供开发阶段、低成本的反馈工具，在版本控制系统或 CI/CD 管道中统一执行安全防护措施。此外，提供运行时持续的可见性，可以解决手动变更导致的配置偏差问题。通过结合开发流程中的预防性检查和运行时持续监控，可以全面提高 IaC 的安全性。

7.3.2 云基础设施授权管理

随着云部署和基础设施数量的增加，为了实现跨多种上下文的访问控制管理，授权管理需求也在不断增加。如果不对其进行控制，各种云实体（如用户、应用程序和系统）之间的权限差距将会越来越大，进而扩大了攻击面，组织将会不断面临特权访问管理、身份治理等方面的挑战。

1. 云基础设施授权管理的作用

组织应该在云安全策略中限制未经授权的访问，防止非法信息交换等，这些都可以通过采用云基础设施授权管理（CIEM）来实现。

CIEM 是一种综合方案，专注于控制混合云和多云 IaaS 中的云访问风险，并具有管理员时间控件，用于授权治理。下面介绍 CIEM 的具体作用。

- 揭示谁（身份）在云基础设施中做什么（操作）、在哪里（资源）以及何时做，从而发现风险。

- 确保身份拥有执行日常任务所需的最小权限，以减少风险。
- 通过持续跟踪身份活动（行为）的变化监控风险，并根据预先定义的风险标准确定警报的优先级。

CIEM 可以让组织持续发现、管理和监控在云中运行的每个身份的活动，并遵循最小权限原则。这在构建云安全策略方面至关重要。

2. 云基础设施授权管理的能力

随着云计算的发展，传统静态环境中的身份和访问管理方法已无法满足当下动态多云环境的需求。CIEM 提供了实用的、可扩展的、云原生的云身份授权管理方案，使组织能够在云环境中持续遵循最小权限原则。CIEM 的具体能力体现在以下几个方面。

（1）发现风险

实现可见性是 CIEM 发现阶段的第一步。CIEM 需要发现所有访问组织云基础设施的实体身份，了解其被授权执行的操作、其实际执行过的操作及其访问过的资源。在混合多云环境下，CIEM 能够抽象、收集、规范化各种身份活动，呈现统一的实时数据和历史数据，并通过深度可见性，洞察过度授权带来的风险。在身份层面，安全团队可以利用这些数据建立每个身份的活动档案，并将其作为基线来评估风险、维持最小权限，也可将其用于检测异常行为。

（2）管理风险

CIEM 需要将实时数据和历史活动数据的可见性与简单的自动补救机制相结合，为组织提供调整策略。例如，可以根据历史活动数据设计最小权限角色，或者直接删除高风险身份的还未使用的权限。随着 CIEM 的发展，自动修复能力变得十分重要，可以用来应对多云管理难题。自动化可以持续确保组织维持最小权限策略。例如，可以定期搜索不活跃身份并自动删除其所有权限。同时，CIEM 将最小权限的概念向前推进了一步，除非特定任务需要，否则不会授予永久权限。这可以大大降低权限滥用风险。

（3）监控风险

为了保持多云环境的控制和安全，组织需要实时了解正在发生的事情。在云环境中，成千上万个身份可能同时处于活跃状态，要监控并发现异常非常困难。因此，CIEM必须提供强大的监控和警报功能，以跟踪在多云环境中所有身份的活动模式。在理想情况下，组织可以从多维视角监控云环境。例如，从身份的视角监控活动变化情况，确定权限使用情况和资源访问模式的变化；从资源的视角监控活动情况，查看哪些身份访问了敏感资源。持续监控对检测异常行为至关重要，因为它提供了必要的上下文。当异常发生时，CIEM可以调用自动修复响应，或者通过第三方工具通知团队采取行动。同时，CIEM可以根据上下文对警报进行优先级排序，或评估威胁，而不仅仅是提醒存在潜在的风险。

总体来看，在云时代，组织必须能够持续控制各类身份对其云基础设施的访问，才能确保云安全。然而，各类身份可以执行的操作取决于其被授予的权限，所以防止其获得不必要的权限，并对权限滥用做出快速响应已成为关键能力。

7.3.3 云安全配置管理

云配置错误即使很小，也会给组织带来巨大的风险。云配置错误可能会让外部恶意行为者获取到关键资产或敏感数据，从而使整个云基础设施变得脆弱。组织需要关注云安全态势，确保云基础设施的配置安全、合规。此外，随着云原生技术的应用，容器工作负载成为现代云原生软件的基石，SaaS应用程序越来越普及。容器及SaaS应用程序的安全成为组织整体安全态势的关键。下面将详细介绍云安全态势管理、Kubernetes安全态势管理、SaaS安全态势管理三种云安全配置管理工具。

1. 云安全态势管理

云安全态势管理（CSPM）是一种帮助组织确定其云基础设施的配置是否安全、合规的方案。强大的CSPM提供了对云资产的全面可见性，并可自动监控云服务配置和安全设置中的风险。

（1）云安全态势管理的核心功能

CSPM从当前的云服务中获取配置数据，并持续监控数据中的风险，帮助组织确定其云应用程序和服务的配置是否安全，并持续监控其云基础设施是否符合法规和最佳实践的要求。CSPM 的部署架构如图 7-7 所示。

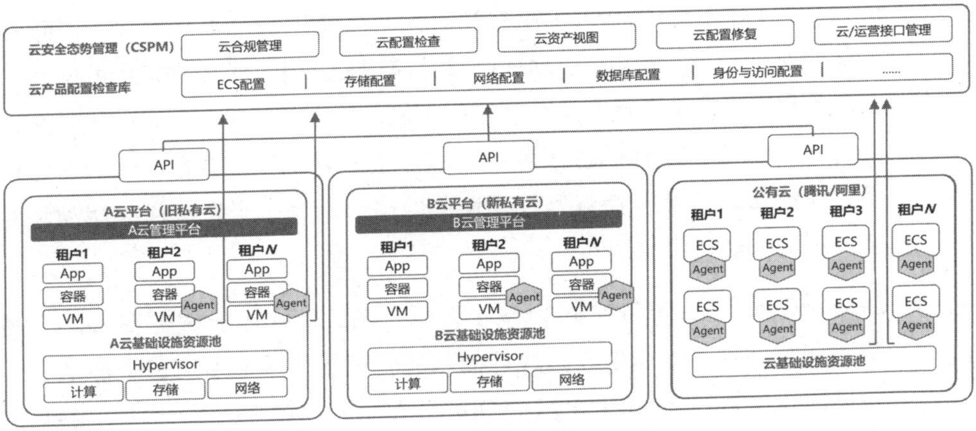

图 7-7 CSPM 的部署架构

CSPM 能够对云基础设施的安全配置进行分析与管理，其中包括账号特权、网络和存储配置、安全配置（如加密设置）等。如果发现配置不合规，CSPM 会采取行动进行修正。应该将 CSPM 视为一个持续改进和适应云安全态势的过程，其目标是降低攻击成功的可能性，以及在攻击者获得访问权限的情况下减小损害。CSPM 的核心功能包括发现和可见性、错误配置管理和修复、持续性威胁检测和 DevSecOps 集成等。

- 发现和可见性：CSPM 提供了对云基础设施资产与安全配置的发现和可见性，用户可以统一访问多云环境和不同账户下的数据源。云资产和详细信息在部署时会被自动发现，包括错误配置、元数据、网络、安全和变更活动。对跨账户、区域、项目和虚拟网络的安全策略可以通过单一控制台进行管理。
- 错误配置管理和修复：CSPM 通过将云应用程序配置与行业或组织的基准进行比较，可以实时识别和纠正违规行为，从而消除安全风险，加快交付流程。错误配置、开放的 IP 端口、未经授权的修改以及会导致云资源暴露的其他问题，都可以在指导下通过补救措施加以解决，并提供保护措施，帮助开发人员避免犯错。对存储进行监控，能确保适当的权限始终到位，不会意外地向公众开放数据。此外，还要对数据库实例进行监控，以确保启用高可用性、备份和加密。

- 持续性威胁检测：CSPM 采用有针对性的威胁识别和管理方法，消除多云环境安全警报的噪声，主动检测整个应用程序开发生命周期中的威胁。CSPM 专注于攻击者最有可能利用的领域，根据环境确定漏洞的优先级，并防止易受攻击的代码进入生产环境，从而减少警报数量。CSPM 还将通过实时威胁检测，持续监控环境中的恶意活动、未经授权的活动和对云资源的未经授权的访问。
- DevSecOps 集成：CSPM 可以减小开销，消除跨多个云服务商和账户的摩擦和复杂性。云原生、无代理的态势管理提供了对所有云资源的集中可见性和控制。安全团队和 DevOps 团队可获得统一来源的数据，并且安全团队可阻止受损资产在应用程序生命周期中继续发展。CSPM 可以与 DevOps 工具集集成，在 DevOps 工具集中实现更快的风险修正和响应。

通过以上这些功能，CSPM 可以帮助组织建立更有效的云安全防护策略，以适应不断变化的云安全环境。

（2）云安全态势管理的运营过程

由于云基础设施始终处于变化之中，因此，组织应该采用 CSPM 策略在云应用程序的整个生命周期中进行持续评估，从开发开始一直延伸到运维，如图 7-8 中从左到右的过程，并在需要时做出响应和改进。同样，由于不断提出新的云功能，不断颁发新法规，云使用安全的策略也在不断变化。图 7-8 的上方显示，CSPM 策略应不断发展并适应新的情况、新的行业标准和外部威胁情报，并根据在开发和运维中观察到的风险进行改进。

CSPM 可以自动识别和修正云基础设施中的风险。CSPM 可以实现全面的风险发现和可见性、错误配置管理和修复、持续性威胁检测以及 DevSecOps 集成，将云安全最佳实践统一应用于混合云、多云和容器环境。

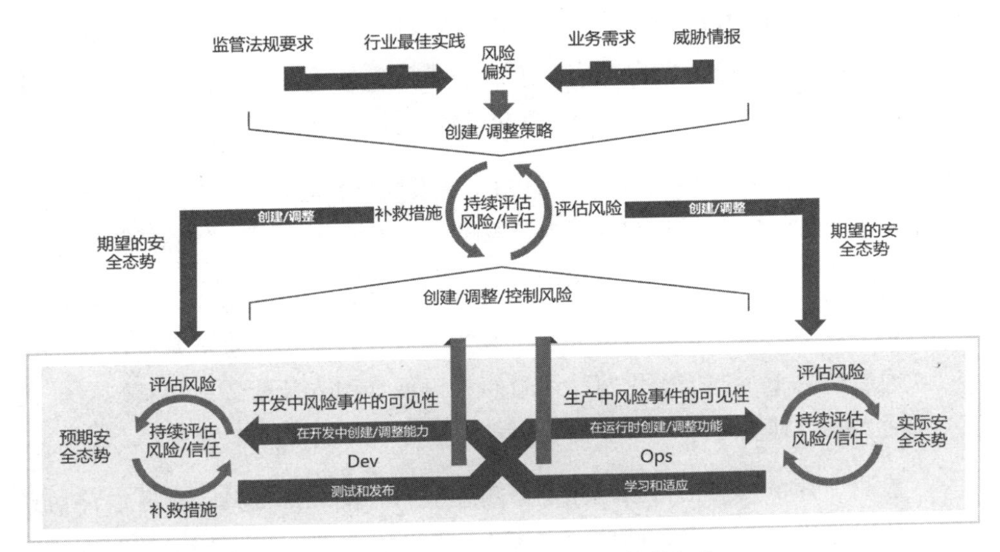

图 7-8　CSPM 持续的全生命周期管理方式

云计算已经成为数字化转型发展的基础。而 CSPM 被认为是确保云计算基础设施安全运营的最有效工具之一，它不仅可以持续扫描云环境中的系统配置和应用程序组件，及时显示任何可能导致数据泄露的错误配置，还可以通过自动化手段帮助组织优化云中的应用服务和资源配置，构建一个更加先进、更加强大、更加全面的云安全态势管理体系，有效阻止攻击者入侵系统。

2. Kubernetes 安全态势管理

随着越来越多的工作负载被部署在 Kubernetes 上，Kubernetes 安全态势管理（KSPM）成为 CSPM 的一个重要补充。KSPM 使用安全自动化工具发现和解决 Kubernetes 中组件的安全与合规问题。例如，KSPM 工具可以检测 Kubernetes RBAC 角色定义中的配置错误，该角色授予非管理员用户不应具有的权限，如创建新的 Pod。另外，KSPM 工具还可以针对不安全的 Kubernetes 网络配置发出警告，例如，允许不同命名空间中的 Pod 之间进行通信，而这通常不是用户想启用的设置。

（1）Kubernetes 安全态势管理的工作机制

KSPM 可以自动完成对 Kubernetes 集群的安全保护。其可以定义安全策略与扫描集群，以发现偏离策略的情况，检测策略违规行为，并以符合组织安全要求和目标的方式对违规行为做出响应。虽然不同的工具对 KSPM 所采用的方法可能有所不同，但 KSPM 的工作流程通常包括如下几个关键步骤。

- 定义安全策略：通常 KSPM 工具由定义安全与合规风险的策略提供支持。大多数 KSPM 工具都有一套内置策略，管理员也可以定义自己的策略。
- 扫描配置：KSPM 工具利用安全与合规规则自动扫描 Kubernetes 环境。对于评估的每个资源，KSPM 工具都会查找违反预定义规则的配置。在理想情况下，扫描配置将持续进行，以便在引入新配置或更新现有配置时实时识别风险。
- 检测、评估和警报：当检测到策略违规时，KSPM 工具通常可以评估其严重程度，对于严重问题会立即生成警报或通知，对于轻微问题则只记录在日志中，供团队稍后处理。
- 补救：在收到违反安全或合规政策的通知后，工程师会对问题进行调查并采取补救措施。在某些情况下，先进的 KSPM 工具可以自动解决问题。例如，修改有问题的 RBAC 文件以提高安全性。

KSPM 是一个综合性的框架，旨在通过自动化工具和策略来提高 Kubernetes 集群的安全性，确保其能够抵御潜在的安全威胁并满足组织的安全要求。

（2）KSPM 与 CSPM 之间的关系

对 KSPM 与 CSPM 之间的关系可以有多种理解。既可以认为 KSPM 是 CSPM 的一个组成部分，因为 Kubernetes 通常在云中运行；也可以将 KSPM 视为一个独立的领域，因为 Kubernetes 不一定在云中运行，可以将其部署在企业内部，而且 KSPM 验证的资源和配置类型（如 Kubernetes RBAC 策略）与 CSPM 保护的资源（如云 IAM 策略和云网络配置）也不同。

无论如何看待 KSPM 与 CSPM 之间的关系，重要的是明白 KSPM 解决的是 Kubernetes 独特的安全性和合规性风险的问题，而 CSPM 帮助组织管理其他类型的云原生环境中的风险。如果组织使用 Kubernetes，则需要一个能够提供特定 KSPM 功能的安全工具。

3. SaaS 安全态势管理

SaaS 安全态势管理（SSPM）是一套自动化安全工具，用于跟踪 SaaS 应用程序中的安全威胁，让组织的安全团队和 IT 团队可以获得 SaaS 环境的可见性并管理其安全态势。配置错误、未使用的用户账户、过多的用户权限、合规性隐患以及其他云安全问题都会被 SSPM 系统检测到。CSPM 关注 IaaS 环境的安全态势，SSPM 则深入研究服务器（或工作负载）不受组织控制的服务，如 Salesforce 和 Slack。由于 SaaS 边界在不断变化，SSPM 工具持续监控组织的 SaaS 应用程序，并识别在所有应用程序中声明的安全控件与实际安全状态之间存在的差距。使用 SSPM 可以大大降低数据泄露的可能性，并最小化潜在的损害。

（1）SaaS 安全态势管理的具体能力

使用 SaaS 应用程序的风险通常不是源于软件本身的安全漏洞，而是源于软件配置不当。大多数云应用程序都提供了保护关键业务数据的方案和最佳实践。然而，在大量不同的 SaaS 服务上手动进行必要的安全配置，对于大多数组织来说都是一场艰苦的战斗。而这正是 SSPM 的用武之地。SSPM 利用人工智能和机器学习等技术，以智能、高效的方式执行常规的和关键的安全配置流程。SSPM 的具体能力包括持续监控、主动补救、支持不同的应用程序，以及提供固有的安全基线和单一可视化管理平台等。

- 持续监控: SSPM 可持续监控 SaaS 应用程序并实施隐私保护和安全策略。
- 主动补救：SSPM 提供了针对威胁的主动补救措施，可大大提高组织对安全问题的反应能力。
- 支持不同的应用程序：SSPM 系统与大多数应用程序兼容，可以轻松地与组织已经使用的其他 SaaS 工具集成，如消息平台、视频会议平台、人力资源管理系统等。SSPM 可以识别这些应用程序中可能存在问题的角色权限或错误配置。
- 提供固有的安全基线：SSPM 可以识别不安全的或可能存在合规性问题的配置。
- 提供单一可视化管理平台：SSPM 可以在单一仪表板上显示所有应用程序

的所有相关安全风险。

虽然 SaaS 应用程序提供了许多便利，但对其进行正确配置和管理以确保数据安全，是每个组织都必须面对的挑战。SSPM 作为一种解决方案，可以通过自动化和智能化的手段，帮助组织更有效地管理和保护其 SaaS 应用程序的安全。

（2）SSPM、CASB、CSPM 三者之间的关系

SaaS 安全态势管理（SSPM）、云访问安全代理（CASB）和云安全态势管理（CSPM）的相似之处在于，它们都能为云应用程序提供安全保障。不过，它们之间也有一些区别，每种方案都独具特色。

CASB 通过整合多种安全策略来保护敏感数据，它通过一个安全界面连接云服务客户和云服务商，并能识别各种云的设置问题，包括 IaaS、PaaS 和 SaaS。而 SSPM 关注的是云应用程序，而非 CASB 关注的整个云生态系统。

虽然 SSPM 和 CSPM 都用来检查云应用程序的配置漏洞，但是 SSPM 更侧重于识别给网络带来风险的特定漏洞。例如，如果用户的账户权限不当，其能够访问云应用程序的敏感区域，那么使用 SSPM 就可以解决这个问题。CSPM 可以识别环境风险，保护云服务客户的云流程。CSPM 采用自动化方式评估安全漏洞，并提供解决方案加以修复。因此，SSPM 旨在识别和解决特定应用程序中的问题，而 CSPM 可以解决整个云环境中的错误配置和漏洞的问题。

7.4 安全上移，实现智能化安全运营

近年来，数字经济催生新的业务场景，也为组织安全建设带来新的挑战。组织的安全运营开始从被动防御转向主动治理。组织需要构建一套有效的安全管理体系，管理威胁的预警、发现、响应，以及处置各个安全环节，并确保人、工具、流程发挥最大协同效应，实现融合高效、持续协同的安全运营目标。目前，安全成熟度比较高的组织已经实现了智能化、自动化的安全运营能力。依托先进的云安全运营实践，组织可利用人工智能赋能安全分析、智能威胁建模、攻击实时溯源、攻击靶向预测、防御性技战术自适应调整等能力，实现云端智能化安全运营。

7.4.1 自动化是云安全运营的关键

安全运营涉及的对象多、技术手段多，场景复杂，需要体系化的平台支撑。同时，安全运营是一个“攻防”博弈的过程，只有各领域多维度协同作战，才能有效地防御攻击。目前，不少安全工具已经能够在单一的安全能力上达到较高的水准，而多数组织普遍面临的问题在于工具之间的集成度低，具备整合化安全能力的安全工具少。此外，在对安全事件进行关联分析的过程中，安全工具存在高误报率导致的告警过量的问题，从而降低了安全运营的效率。在未来，组织需要尽可能部署能够相互协同的安全工具，使得庞大的内部网络安全工具相互作用，同时需要加大对智能化安全运营能力建设的投入，提升安全工具之间的集成性，优化对内置关联场景的分析。

1. 自动化安全运营系统的组成部分

当安全回归到“业务保障性”这个本质上时，单一的网络运维将无法满足业务层面的需求，需要实现融合协同的服务。先进的云安全运营方案通过将所有的安全设备、数据、事件融合统一，协同配合，打造持续高效的安全运营体系，成为企业安全的大脑、神经中枢、耳目和手脚。在军队现代化作战体系中，美军创造性地提出了 C4ISR 作战指挥系统，即指挥、控制、通信、计算机、情报、监视与侦察。参考以上体系，一个完整的云安全作战指挥自动化系统应该包括基础运营平台，安全情报、监视、侦察系统，数据分析系统和安全控制系统。

- “大脑”——基础运营平台。基础运营平台是构成安全自动化系统的技术基础，自动化系统要求容量大、速度快、兼容性强。
- “耳目”——安全情报、监视、侦察系统。其主要是对安全信息进行收集和处理，实现对异常行为的实时安全监测。
- “神经中枢”——数据分析系统。综合运用各种智能分析算法和数据挖掘分析技术，实现安全信息处理的自动化和决策方法的科学化，以保障对安全控制设备的高效管理。
- “手脚”——安全控制系统。安全控制系统是用来收集与显示安全信息，实施作战指挥系统发出安全控制指令的工具，主要是指各种安全控制技术和设备，如防病毒客户端和主机安全客户端等，实现对异常行为的实时安全控制。

通过这样的系统设计，可以确保云环境中的安全性得到全面提升，同时也能更好地满足业务层面的需求，实现融合协同的服务。这种综合性的安全运营体系不仅能够提高安全防护能力，还能够优化资源配置，提高效率，从而更好地支持企业的业务发展。

2. 自动化安全运营系统的具体能力

安全运营的关键在于，通过流程覆盖、技术保障及服务化，实现组织的脆弱性识别与管理、威胁事件的检测与响应等安全能力，以充分管控安全风险。其主要包括资产识别与追踪、持续监控、风险评估、主动进行威胁狩猎、事件响应、安全意识培训等几个方面。

（1）资产识别与追踪

实现可见性是保护网络资产安全的基本策略。在云环境中，开发人员可以自由创建新资产，这就产生了一个显著问题——基础设施碎片化。资产分布在各个地区、组织、账户或项目中，每个资产都有独特的属性和 API。加之容器和 Serverless 函数的出现，资产变化极快。因此，需要对资产进行实时监控，保证监控数据与实际业务数据的一致，方便安全团队进行有针对性的处理，实现资产动态保护。

（2）持续监控

持续监控组织的网络和系统，以发现入侵行为、可疑活动或潜在的漏洞，是安全运营工作的关键所在。组织通常可借助第三方工具来完成这方面的工作，比如云工作负载保护平台（CWPP）、安全信息与事件管理（SIEM）系统等。

（3）风险评估

风险评估是关键的安全控制措施，专注于防止应用程序的安全缺陷和漏洞。在进行风险评估时，组织能够从攻击者的角度全面发现问题。同时，在云环境中，资产变化快，因此需要实时、持续地进行监控与风险评估。如果不能实时看到资产全貌，那么风险评估就会被集中在局部问题上，从而错过关键漏洞。

（4）主动进行威胁狩猎

安全保护措施并非 100% 有效，因此需要通过威胁狩猎发现在云端持续存在的高级威胁。威胁狩猎是主动识别和处理未被发现的网络攻击的一种方法，其过程包括搜索入侵指标（IoC）、调查、分类和补救等步骤。在云环境中进行威胁狩猎，可以从日志、服务器、网络设备等收集数据，重点是流量日志和事件日志。根据已知的威胁分析数据，搜索攻击模式和入侵指标。最后，使用自动化工具有效分析海量日志数据，发现潜在的威胁。

（5）事件响应

在发生安全漏洞或攻击事件后，制订和实施应对计划至关重要。制订完善的事件响应计划不仅可以最大限度地减少安全事件的影响，还可以帮助组织更快速、更有效地恢复正常运营。一个全面的事件计划应该明确关键团队成员的角色和职责，建立内外部沟通机制，并详细说明各类事件的响应流程。此外，事件响应计划还应该结合准则，在事件后进行全面的分析，这可以帮助组织了解事件的过程、原因，以及可以采取哪些措施防止类似的事件再次发生。

（6）安全意识培训

对员工进行安全意识培训是安全运营战略不可或缺的一环。这包括为团队提供必要的培训和资源，以识别和报告潜在的威胁，并在组织内培育安全文化。员工通常是防范安全事件的第一道防线，尤其是在应对钓鱼攻击等社会工程学攻击时。通过定期的安全意识培训，包括案例分析和模拟演练，可以增强员工的风险意识，维护员工在组织安全方面的角色。

自动化安全运营通过集成和应用各种技术与工具，提供了一种高效、动态且灵活的方式来管理和保护组织的信息资产。这种方法不仅可以提高安全防护的效果，还可以优化资源配置，提高整体运营效率。

7.4.2 基于图计算的智能化安全运营

目前组织面临专业安全人员短缺和攻击事件日益复杂的双重压力，而这些问题仅仅靠人力是无法解决的。鉴于此，在安全运营中应用人工智能，可以让安全团队用更少的人处理更大的威胁。

1. 智能化安全运营的具体能力

对于智能化安全运营，可以通过事件、数据、策略的融合统一，实现智能安全检测分析能力，持续对偏离正常模式的行为进行识别。智能化安全运营在识别威胁、确定威胁优先级以及检测恶意软件方面的能力越来越强，已成为组织提高安全运营能力的一种重要方式。其中，基于图计算的智能化攻击溯源在安全运营领域的应用，极大地提高了真实攻击的溯源响应效率。图 7-9 展示了基于图计算的智能决策平台的能力。

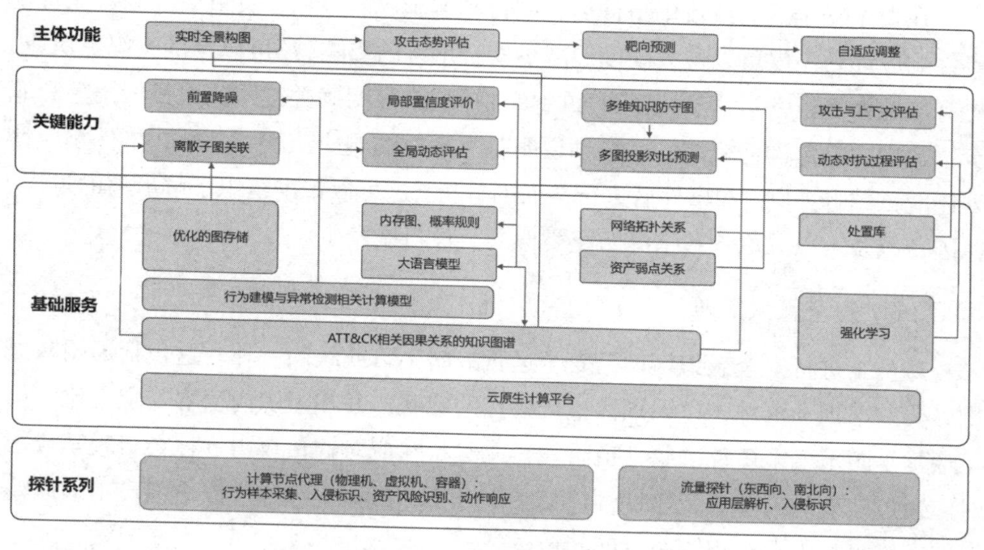

图 7-9 基于图计算的智能决策平台的能力

先进的云安全运营方案，通过智能化图计算引擎，利用智能化分析，实现了多机图攻击路径全景构建、全景网络攻击态势实时评估、实时攻击靶向预测、网络防御性技战术自适应调整等能力。

（1）多机图攻击路径全景构建

可自动化、实时进行攻击图分析，基于告警进行攻击图查询，实现网络安全攻击事件的全链路追踪溯源及图形化展示。

（2）全景网络攻击态势实时评估

通过低危行为的分数维度评价建立关联子图，挖掘背后的意图，提高置信度；利用知识图谱和算法分析综合评价攻击的前因后果；以数据建模方式计算入侵程度，可全面展示未知的攻击行为、未知的沦陷节点、攻击者的身份、攻击者的意图、攻击者的攻击手法及技战术、变化趋势等。

（3）实时攻击靶向预测

识别潜在攻击行为的动态数据，通过关联分析，确认潜在的攻击面。基于攻击路径回溯的结论，提出对策防守图，包括资产测绘图、脆弱性底图及网络连接关系底图，进而精准预警可能的攻击对象、被攻击的概率、下一步可能的攻击动作等。

（4）网络防御性技战术自适应调整

基于强化学习的动态调整自适应处置，从攻守双方的态势方面对多样性环境加以分析和比对，制定针对实际情况的动态评估和防御方案。

以上能力的实现展示了人工智能和机器学习技术在网络安全领域的深入应用，这些技术能够适应高维度、动态和不确定的环境，适合解决网络安全中的复杂问题。此外，智能化的防御系统能够根据网络攻击方式及强度的不同，自适应调整防御策略，从而提高防御的效率和效果。

2. 智能化安全运营的应用场景

通过运用人工智能技术直接或间接地提高网络安全防御效率，在实际攻防实战中可以快速定位威胁攻击，提升网络安全防御的自动化、智能化水平。目前，在 IT、OT、IoT 等场景下都有可落地的人工智能安全防御用例，其中在攻击行为分析、安全风险评估、入侵检测、恶意软件检测等方面具有比较大的应用潜力。

（1）入侵检测及安全风险评估

利用人工智能强大的数据分析能力可以有效地检测网络威胁，并且在信息系统漏洞被利用之前识别危险，高效率地提前识别网络攻击，及时阻止攻击（达成目标），大大缩短检测和响应的平均时间，减少组织在安全事件中的损失。在此基础上，如果将人工智能集成到更广泛的零信任安全框架中，则会进一步发挥其潜力，因为零信任安全框架将身份作为新的安全边界。事实证明，利用人工智能可以有效地扩展保护以身份为安全边界的每个用例，无论是特权访问凭据、容器还是设备。

（2）攻击行为分析

使用人工智能富化攻击指标（IoA）的上下文，是推动人工智能在网络安全领域快速普及的核心催化剂之一。借助人工智能和自动化技术，攻击指标提供了关于攻击者意图的准确、实时的数据。不管攻击者在攻击中使用什么恶意软件或利用什么漏洞，通过攻击指标都可以检测到攻击者的意图并尝试确定其目标。同时可以配合入侵指标提供所需的数据，作为攻击行为的证据。

（3）恶意软件检测

目前大多数传统基于机器学习的恶意软件检测方法都属于监督学习，这些方法容易被攻击者绕过。目前，研究人员通过利用强化学习技术提出了 DQEAF 框架，该框架通过不断地与恶意软件样本进行交互来训练人工智能代理，利用强化学习方法来规避反恶意软件引擎，以弥补近年来基于监督学习的恶意软件检测模型的弱点。

随着安全领域数据量的爆发式增长、深度学习算法的优化改进、计算能力的大幅提升，人工智能技术必将成为下一代安全的核心。近年来，越来越多的组织认识到人工智能在安全运营方面的重要性。人工智能将被用于应对新出现的威胁、消除警报过载造成的威胁疲劳，以及缩小人才缺口等众多安全挑战。

第8章

云安全重点场景实践

云计算作为新一代信息技术的核心引擎，行业应用不断丰富，不同行业、不同业务、不同客户对于安全的需求也有着一定的差异。本章我们将针对政务、金融、运营商、制造业等行业典型应用场景的安全需求进行分析，重新审视各行业云安全中新的防护对象、新的安全挑战，以及新业务模式的安全防护实践。

8.1 政务云安全实践

近年来，国家积极推动数字政府的落地与实施。“十四五”规划和2035年远景目标纲要提出，要“提高数字政府建设水平”，将数字技术广泛应用于政府管理服务，推动政府治理流程再造和模式优化，不断提高决策的科学性和服务的效率。完善国家电子政务网络，集约建设政务云平台和数据中心体系，推进政务信息系统云迁移。政务云对数字政府治理和社会服务的作用与价值不断凸显。安全政务云将是未来的发展方向，这将为打造安全可信、敏捷创新、高效惠民的数字政府奠定基石。

8.1.1 政务云的发展趋势

政务云以推动政府的数字化转型为根本目标，通过重塑政府管理、业务和技术架构打造新型数字政府。作为关乎国计民生的数字基础设施，政务云肩负着“数字政府算力底座”和“智慧城市核心枢纽”的双重使命。图8-1展示了政务云的发展路径。自政务云的概念被提出至今，政务云的发展经历了以资源为中心的 1.0 阶段和以数据为中心的 2.0 阶段，现在正处于以业务为中心的 3.0 阶段，实现数据融合和应用创新的协同发展成为政务云发展的新趋势。

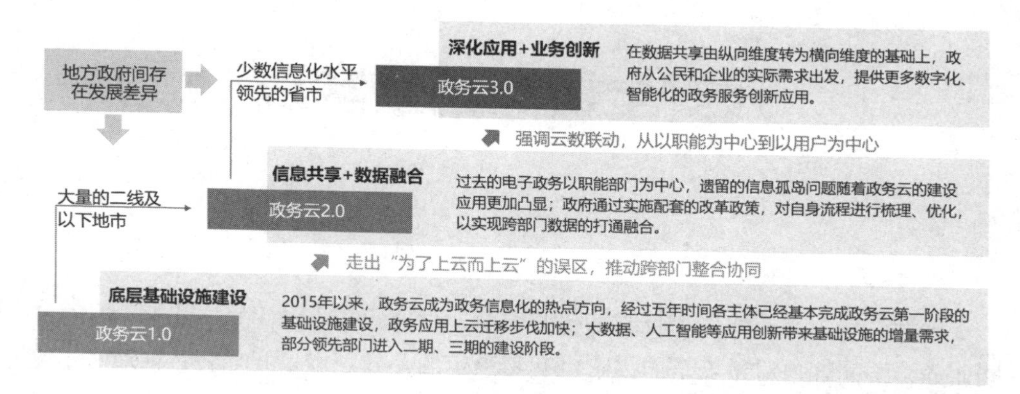

来源：《2020 年中国政务云行业研究报告》

图 8-1 政务云的发展路径

当前政务云基础设施建设已经逐渐完成，政府机构对政务云的关注点开始由“上云”向“云上”转移。政务云市场的主要发展基调是让地市政府走出“为了上云而上云”的误区，转为强化以政务云推动政府智能转变和政府数字化转型的目标。

1. 政务云基础设施呈现云原生化

从技术趋势来看，纵观政务云的建设历史，其在技术上大体可以分为“资源池化”“资源云化”“云原生化”三个阶段，从“有云用”走向“云有用、云易用、云好用”。政务云应用的高效协同和敏捷开发对政务云的技术能力提出了新挑战和新要求，云原生技术迅速发展成熟，支持政务云建设走向“云原生化”的特色新阶段。

（1）政务云从“资源池化”向“云原生化”演进

早期，政务云的建设模式主要是通过“资源池化”的方式为业务提供基础平台。随着云计算技术的成熟及其在各行业的广泛应用，政务云的建设也随之进入以“资源云化”为特色的阶段，基础设施的可靠性得到提升，运维得到简化，资源的发放更加灵活，实现了弹性伸缩。至此，政务云的建设重点还是以资源为中心，并未过多关注上层应用。然而，随着“放管服”改革的持续深化，国家要求建设以公共需求为导向的服务型政府，诞生了大量的市民类应用，政务云建设需要支撑智慧政务、智慧交通等应用的敏捷开发、高效协同、业务创新等诉求，以应用为中心建设全新的政务云平台成为共识。由此，政务云建设进入以“云原生化”为特色的新阶段，政务云将全面升级为以云原生技术为核心的云原生基础设施。图 8-2 展示了政务云云原生技术演进的方法与路径。

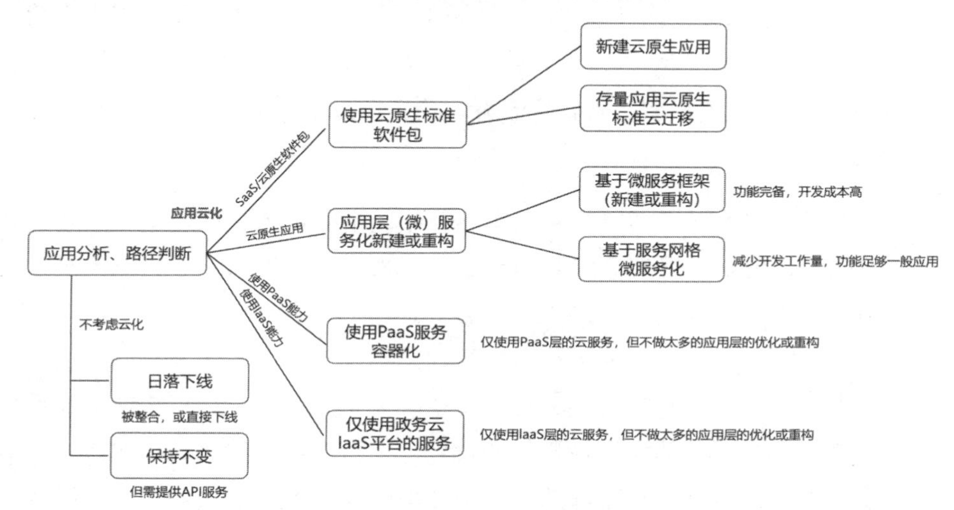

图 8-2 政务云云原生技术演进的方法与路径

在部署模式上，政务云支持公有云、专有云、私有云和混合云等。如图 8-3 所示，政务云的部署模式各具特点。政府机构通过平衡安全性、灵活性、可扩展性、成本效率等各方面因素，灵活选择与业务需求相匹配的部署模式。

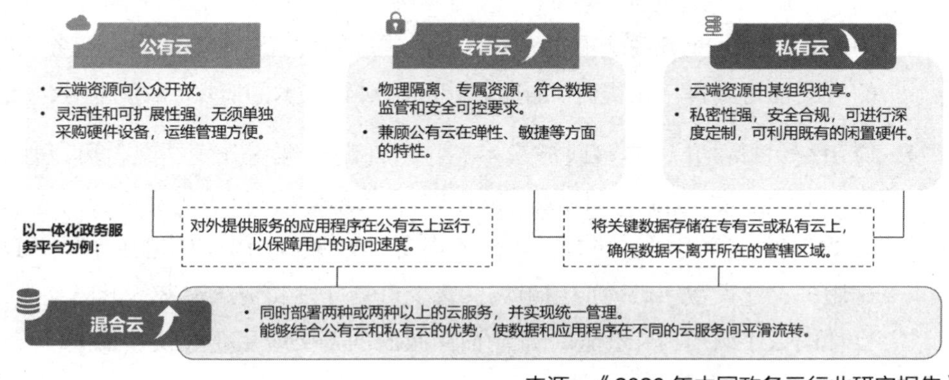

来源：《2020 年中国政务云行业研究报告》

图 8-3 政务云部署模式

政府机构在选择政务云部署模式时，会根据自身的具体需求和预算进行权衡。例如，对于那些对数据安全要求极高的应用，可能会倾向于采用私有云或专有云；而对于对成本敏感且需要快速扩展能力的场景，则可能更适合采用公有云或混合云。

（2）政务云云原生化的主要价值

政务云云原生基础设施具备“业务全局化可视可管、资源精细化运维运营、能力标准化共享互通”等特点，可以有效提高数字政府业务的多元化水平，为数字政府各参与方和相关环节注入新的活力。政务云云原生化的主要价值体现在以下几个方面。

- 降低运维门槛，提高资产利用率：云原生基础设施高度自动化的资源管理能力、全景可视的资源监控与运维能力，极大地简化了运维人员发现问题、定位问题、解决问题的复杂度，提高了运维效率。云原生技术标准、开放的特点，使得基于该技术构建的基础设施、应用之间有明确的构建边界，再结合高效的运维工具，当系统发生故障时，可以快速定位问题边界。云原生基础设施轻量化的特点，使得资源的管控粒度更细、扩容效率更高，面对业务高峰期，无须提前配备过多冗余资源，进而减少了整体建设支出，提高了资产流转率。
- 保障业务高可靠，赋能业务创新：资源故障自动迁移的技术能力，能够为职能部门提高系统的稳定性、自愈性，可以有效预防因为基础设施资源的问题而导致的业务中断。应用实例秒级弹性扩容的技术能力，能够为职能部门的业务系统提供可靠、高效响应的抗流量冲击能力，业务系统的可靠性得到进一步提升，加速职能部门对新技术的应用，赋能业务创新。
- 应用交付标准化，丰富政务云生态：组件的标准化开发、交付可以加快应用上线速度，提高运维效率，从而端到端缩短软件开发项目的交付周期，降低交付人力成本。同时，还能面向各类政务应用中通用的中间件和基础服务，建设数字政府应用市场，减少重复开发和资源浪费，形成统一、良性的数字政府应用生态，推动面向政府的各类应用企业快速发展。

政务云云原生化不仅能够显著提高运维效率和资产利用率，还能够增强业务系统的可靠性和创新能力，同时推动政府治理流程的优化和数字政府生态系统的协同发展。

2. 政务云建设呈现集约化

数字政府建设需要实现资源整合，避免重复建设，让政府的运行更加协同高效，提高数字政府的建设成效。因此，政务云建设需要坚持大平台、大系统、大数据的思路，加强跨部门共建共用共享，不断完善统一的电子政务网络，统筹推进政务云平台和大数据中心的建设，整合联通各级各部门分散建设的业务系统、自建机房和业务专网，形成“一片云、一张网”，集约化构建统一基础支撑平台，实现网络、算力、算法、数据、共性应用、微服务等资源共建共享，支撑各级政务部门快速灵活地调用资源，从而降低各个单位利用各类资源的门槛和成本，有效避免多头重复建设。

（1）政务云典型的技术架构

在国家政策引导、各地创新实践的推动下，我国政务云建设在资源集约、数据共享、业务协同方面成效显著。伴随着云原生等新技术的蓬勃发展和充分运用，以及标准体系规范的日渐强化和逐步优化，政务云将从“量的增长”向“质的提升”全面升级，不断迸发新的活力。图 8-4 展示了政务云典型的技术架构。

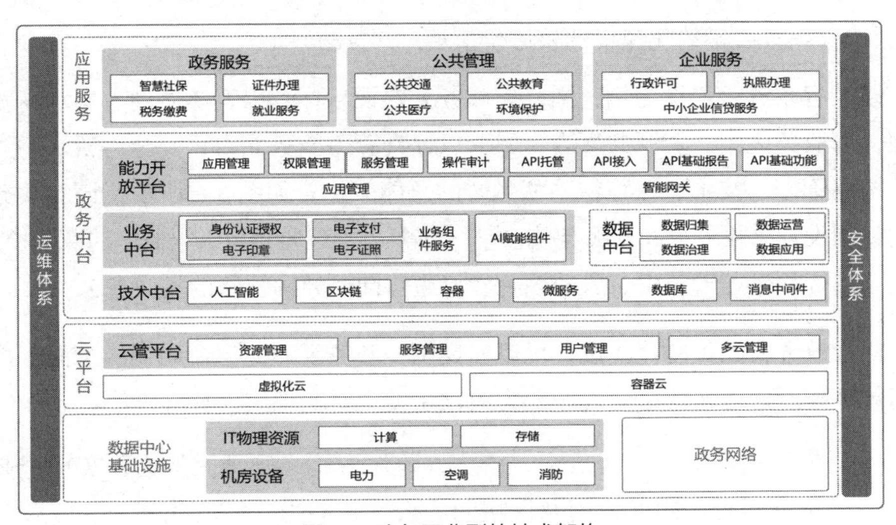

图 8-4　政务云典型的技术架构

政务云典型的技术架构自下而上分别为数据中心基础设施、政务网络、云平台、政务中台和应用服务，同时具备符合国家和行业规范的运维体系及安全体系。

- 数据中心基础设施：支撑着云平台、政务中台和应用服务的建设与运行，主要包含机房设备和IT物理资源两部分。
- 政务网络：搭建高效通畅的数据传输环境，是政务云运行的关键支撑力量。
- 云平台：包含虚拟化云、容器云以及上层的云管平台。
- 政务中台：整合并封装了各种服务和资源，包含技术中台、业务中台、数据中台以及能力开放平台。
- 应用服务：包含政务服务、公共管理和企业服务，提供诸如证件办理、税务缴费、执照办理等多项贴近生产、生活所需的应用。
- 运维体系，保障设施稳定与可持续发展；安全体系，对政务云的运行提供全方位的安全防护，也是政务云架构中重要的组成部分。

政务云的技术架构设计可以确保从基础设施到最终用户接触的每一层都能满足高效、安全和可靠的要求。

（2）政务云集约化建设的核心价值

以某省政务云建设为例，围绕省政务云建设目标，以整体协同、集约高效为导向，以业务应用、资源共享为牵引，以提升算力服务能力、安全运营水平为主线，构建管理、技术、保障体系相融合的总体架构。如图8-5所示，该省政务云建设规划设计采用“分布式云架构、‘一核多边’布局、购买服务”的商业模式，建成全省统筹、逻辑集中、云网融合、云边协同、异构统管的省政务云。

通过政务云的集约化建设，可以实现统一政务云业务生命周期的全面管控，提高数字政府的运转效率。政务云集约化建设主要实现三大核心价值。

- 提供通用的业务运行底座，跨云、跨地域统一管理的架构，实现全业务共平台运行，提升部门及区域间的公共化能力、模块化能力、资源共享能力。

- 实现大规模的跨云资源统一供给，减少资源重复建设，对业务进行精细化资源分配，从政务云整体层面大幅提高资源利用率。
- 规范业务应用从开发、集成到监控、运维的统一标准，进而实现业务全局可视可管、精细化资源运营、问题清晰定界等。

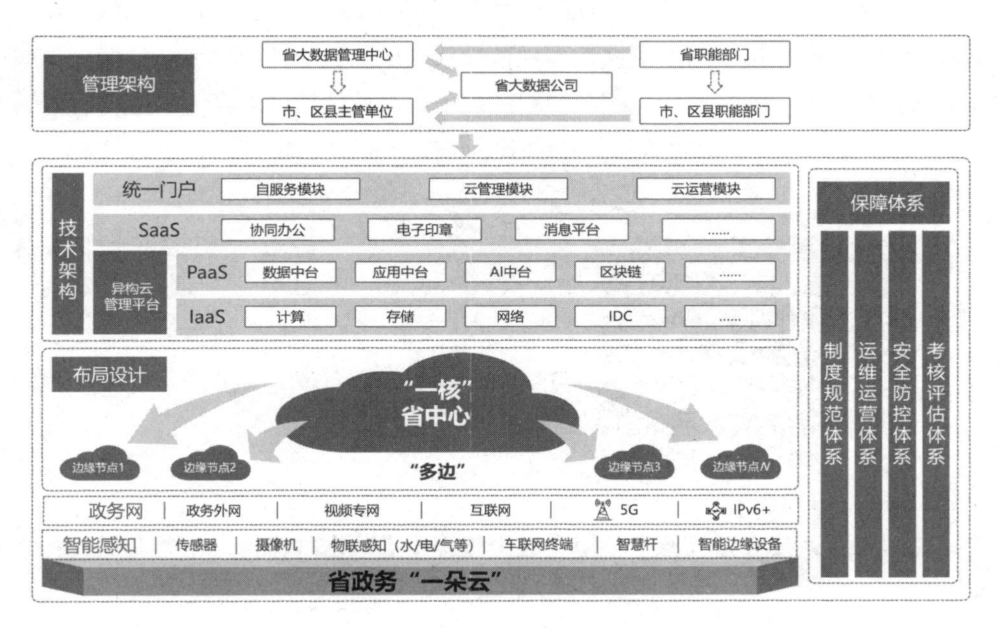

图 8-5　省政务云架构体系

通过政务云的集约化建设，不仅可以有效提高政府的运转效率，还可以增强决策的科学性，提高服务的效率，同时促进跨部门的协同与共享。这些都是实现数字政府高质量发展的关键因素。

8.1.2 政务云安全挑战

政务云承载了关系国计民生的核心资源，相比传统的政务信息系统，政务云平台更加复杂，风险和隐患更多，当前政务云平台的安全管理体系和安全风险防范能力面临多重挑战。

1. 政务云安全风险防范能力

对于政务云安全风险防范，一方面，传统网络架构中的 DDoS 攻击、非法入侵、病毒等安全问题仍是常态；另一方面，为了满足日益多元化的业务需求，对政务应用开始进行云原生化改造，以容器、微服务、DevOps、Serverless 为代表的云原生技术正在被广泛采用。在云环境中，新技术得到不断应用，增加了攻击暴露面，云上配置错误与人员操作不规范导致的风险更加突出，专门针对云平台架构的容器逃逸、资源滥用等安全问题层出不穷，而传统的安全工具能力有限。如图 8-6 所示，在新旧双重威胁的影响下，政务云面临更加严峻的安全风险形势。

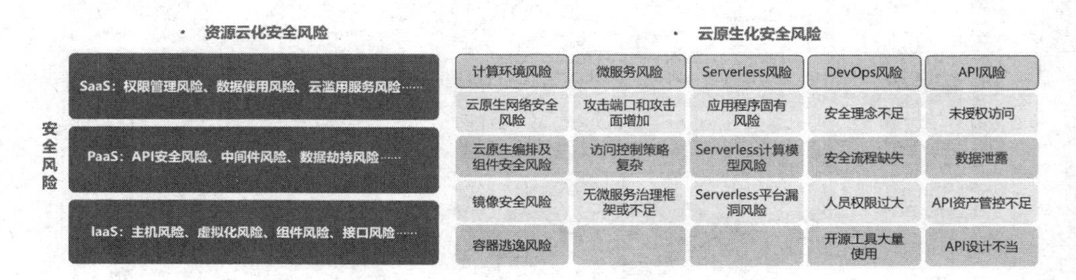

图 8-6 政务云安全风险

具体来看，政务云云原生环境会成为黑客重点攻击的目标，主要有如下几个原因。

- 安全建设滞后：虽然云原生可以实现更加灵活、更低成本的软件开发和应用部署，但相应的云原生安全建设远远滞后于业务发展速度，大量“裸奔”的容器成为攻击者眼中的“香饽饽”。
- 攻击价值高：政务数据的价值巨大，被存储在云原生容器集群中，只要一个容器被攻陷，风险就可以横向移动到其他容器上，或者逃逸到节点（Node）上进行持久化，控制整个节点。同时，攻击者还可以通过漏洞利用或者调用 API Server 控制整个集群，获得大量重要节点数据。
- 攻击面庞大：除了应用本身的脆弱性引入的攻击，集群、容器运行时自身的脆弱性问题也不容忽视。例如，攻击者通过 K8s、Docker 未授权访问长驱直入；集群权限配置不当，攻击者可以创建高权容器进行逃逸；利用 Linux 内核 cgroups 模块（CVE-2022-0492）进行逃逸。

- 漏洞影响范围大：在传统操作模式中，软件在其运行的主机上更新，而在容器场景中，软件必须在上游的镜像中更新，而后重新部署。因此，若镜像或基础镜像存在问题，将至少影响一个集群。
- 防护难度高：云原生安全防护需要覆盖构建、部署、运行整个云原生生命周期，所涉及的环节和流程链路相对复杂。例如，在构建阶段，将面临软件供应链攻击，包括基础镜像污染、CI 工具攻击、制品库漏洞等；在部署阶段，可能面临针对云原生基础设施平台的攻击，包括对开源组件编排工具的攻击等；在运行阶段，将存在针对云原生应用的攻击，包括 SQL 注入、漏洞、弱口令等。

政务云因其独特的架构和运行方式，面临多种安全挑战并成为黑客重点攻击的目标。因此，在建设政务云的同时需要加强安全防护能力建设，以保护关键政务数据的安全性和完整性。

2. 政务云安全管理体系

对于政务云安全管理，从多维度分析可以发现，政务云在安全管理方面面临诸多挑战。例如，云平台的集约化特性削弱了用户对业务、数据、系统和安全的控制能力与管理能力，导致技术风险加大。此外，政务云安全管理成熟度不高，存在较多的管理漏洞。

- 管理角度：与传统的信息系统相比，在云服务模式下，安全责任划分不明确，政务云的建设方、承建方、运营方、运维方、业务方等相关方的职责划分不清晰，遇到安全问题时相互推诿，导致安全事件处置不及时。云计算平台间的互操作和移植比较困难，缺少相关约定条款，易造成用户上云后对云服务商过度依赖。
- 运营角度：缺乏有效手段对云平台上的各类软硬件资产进行管理，对云平台的构成缺乏全面、清晰的了解。针对云平台暴露面缺乏有效的梳理和评估，导致一些存在漏洞的资产直接暴露在互联网上。未建立有效的安全基线机制，未定期对云平台开展全面的安全检测。未建立监督检查机制，以保障各类安全措施得到有效落实。

针对政务云存在的安全管理挑战，究其原因，是未能很好地处理安全和业务的关系。因此，在政务云的建设和运营过程中，需要从“业安融合”的理念出发，构建政务云安全防护体系框架，针对政务云安全面临的主要问题，打造政务云安全关键能力。

8.1.3 政务云的安全方案

在政务云建设初期，需要考虑安全因素。如图 8-7 所示，遵循“业安融合”的理念，通过业务梳理、场景化分析，把安全嵌入信息化发展和安全治理的过程中，构建成熟的安全管理体系、有效的技术保障能力、适合的安全运营服务，并落实对安全成效的监督和验证工作。

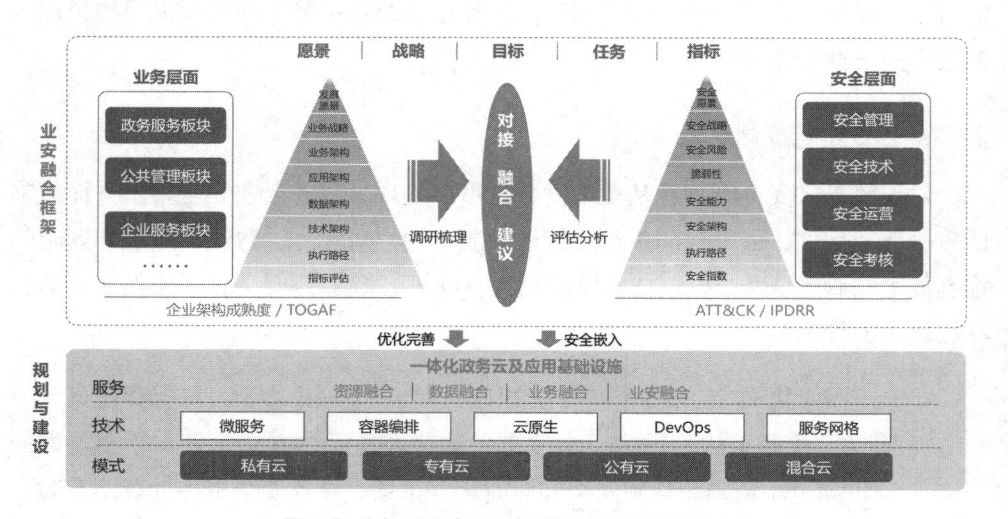

图 8-7 政务云安全体系的“业安融合”方法

政务云安全体系的“业安融合”方法，围绕愿景、战略、目标、任务、指标等实现业务与安全的对接融合，做到一体化发展。

1. 政务云的安全责任共担模型

在政务云的建设和运营过程中，涉及众多责任主体，包括云平台的建设方、承建方、安全运营方、用户方以及第三方安全检测机构等。

- 云平台建设方（大数据局）：负责云平台的整体规划设计、资源容量确定、实施要求、安全要求；负责与云平台配套的相关 IDC 基础设施的选址、机房及网络带宽的租用与验收；对建设完成的云平台进行全面测试和验收，确保云平台的质量以及云平台的可靠性与安全性；授权开展安全运营工作。
- 云平台承建方（云服务商）：承担与云上系统的建设、管理、运维相关的业务安全、虚拟机安全、存储安全等相关责任；按照《中华人民共和国网络安全法》、对应的等保级别进行云上系统的安全建设、管理和运维。
- 云平台安全运营方（政务云安全运营中心）：建立安全评估、安全基线检查、漏洞管理、日志审计、威胁预测、安全防护、持续监测、响应处置等关键能力；提供 7×24 小时的实时安全监测，对各类网络攻击和入侵行为进行实时预警并及时处置，保障云平台的安全性。
- 云平台用户方（委办局）：根据云平台主管单位制定的安全管理要求使用云上资源；接受云运营、监督和审计单位对云上业务系统安全工作的指导、监督、监测。
- 第三方安全检测机构：根据国家相关安全法律法规、国家安全监管要求开展云平台的安全检测，评估云平台的整体安全能力情况。

政务云安全在多方参与的情况下，需要明确各责任主体的安全责任与义务。通过建立政务云安全协调工作组，打造政务云安全责任共担模型，保证安全事件得到及时响应和有效处置。

2. 政务云的安全运营框架

政务云安全运营需要从多角度出发，以全局、整体的思路整合资源、优化流程，建立权责相符的安全责任共担机制。图 8-8 展示了政务云安全运营框架，通过覆盖安全管理体系、安全技术体系、安全运营体系、安全考核体系四个维度的框架能力，构筑“事前防御”“事中监测”“事后溯源”全方位联动的护城河，为政务云、政务大数据和政务应用提供全面的安全保障，达到“看得清、管得了、防得住、用得好”的安全效果。

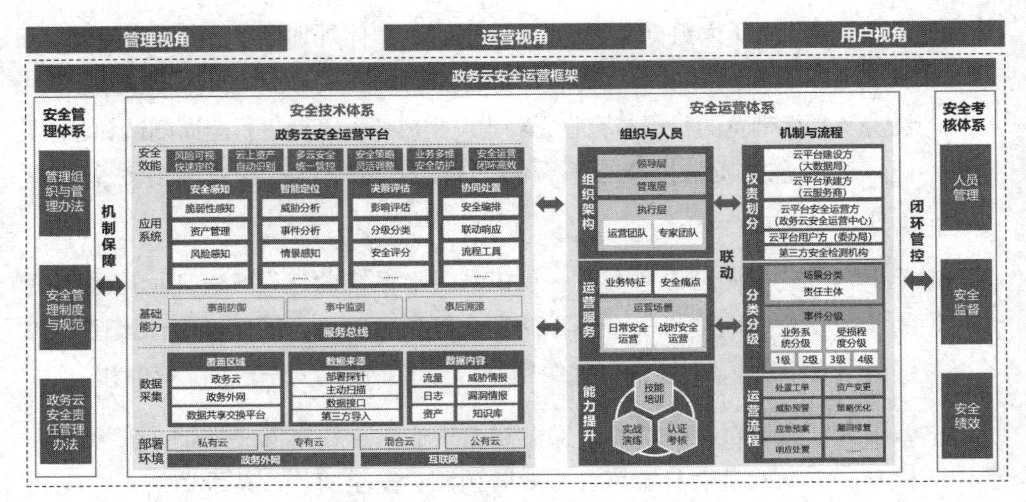

图 8-8 政务云安全运营框架

首先，政务云安全运营应以安全管理体系为保障机制，建立健全安全管理制度与规范，强化组织建设，压实安全责任。其次，通过安全技术体系与安全运营体系的协同联动，在能力、体系、流程等方面实现安全与业务的深度融合，做到一体化发展，提升业务的安全性、连续性水平，凸显安全质量。最后，为了保证安全建设和运营的有效性，通过安全考核体系，做到对人员管理、安全监督、安全绩效的持续评估，夯实闭环管控，促进以考促效。

依托“业安融合”的理念，打造政务云体系化安全运营能力，实现实战化的安全防护，全面提升政务云安全体系的综合效益。

- 提升安全防护效果：全面及时发现安全威胁，处置安全风险，提升安全事件应对能力，有效防范安全事件的发生，消除或减小安全事件造成的影响，实现安全态势指数可视化、安全运营流程可视化、安全成效指标可视化。
- 降低安全风险的影响：建立政务云纵深安全防护体系，通过内部威胁预测、外部威胁情报等手段，进行政务云暴露面分析，监控外部威胁，实现攻击预测、提前预防的目标，降低安全风险。
- 增强安全管控效能：从安全职责、标准、流程、规范、考核等多个方面搭建安全管理框架，构建政务云事前、事中、事后的全方位管控体系，实现政务云安全工作统一纳管。

- 满足关键信息基础设施、等保的要求：通过对政务云的基础设施层、数据层、应用层进行实时监控，保障政务云满足网络安全等级保护等标准法规要求。
- 降低安全运营成本：通过安全运营服务，帮助用户梳理并建立云上安全运营体系，全面提升应用系统的安全性，保障用户业务的安全和稳定运行，减少网络安全重复投资，降低网络安全整体成本。

通过建立政务云全方位一体化的安全运营体系，实现多方协同、立体纵深、全局可视、主动响应、持续提升的安全保障能力。

3. 政务云的安全能力

目前，从政务云安全能力的建设来看，政务外网、政务数据中心网络、政务云基础设施、政务云大数据平台等平台环境的安全水平相对较高。但政务云用户环境、政务云应用环境等用户云计算环境的安全需要重点强化。政务云主要需要提升如下四个方面的安全能力。

- 用户侧工作负载安全防护：针对委办局计算环境的安全，可以通过云工作负载保护平台（CWPP）全方位保障云工作负载的安全。
- 云原生安全防护：面对容器、微服务等云原生技术带来的新风险，可以通过云原生全生命周期安全方案对已知的和未知的威胁进行实时掌握、全面防御。
- 东西向流量的监测与防护：随着网络攻击、数据泄露、恶意软件等威胁的不断增加，政务云需要建立微隔离能力，实现数据中心全面的流量可视化、细粒度的策略管理、多样化的威胁响应处置。
- 云平台上应用程序的安全性：政务云可以利用运行时应用程序自我保护（RASP）方案，在应用程序内部嵌入安全机制，主动监视、检测和阻止潜在的应用程序安全风险和攻击，有效保护应用程序的安全。

通过建立政务云全方位一体化的安全能力体系，实现多方协同、立体纵深、全局可视、主动响应、持续提升的安全保障能力。

8.2 金融云安全实践

近年来，我国数字经济规模实现了翻倍增长，产业数字化持续扮演着数字经济发展动力引擎的角色。在数字化进程中，金融行业始终扮演着独特的角色。首先，金融行业与实体经济的发展相辅相成，金融行业为其他行业的用户提供稳定的支付体系与流动的资金支持，是实体经济健康、平稳运行的发展血脉。其次，我国金融行业已经基本完成数字化进程，步入大规模社会化连接驱动的技术渗透和生产转型阶段。金融机构上云，使得银行、保险、证券的业态不断丰富，实现了资源的聚合、共享和重新分配。借助云上通道，更加弹性、泛在、轻量的金融服务将触达产业链上下游的参与者，使得在实体经济层面产业数字化升级催生的金融服务需求得到更好的满足。

8.2.1 金融行业云计算的发展及应用

我国金融行业前期经历了漫长的信息化建设阶段。如图 8-9 所示，现阶段，云计算在金融行业步入应用深化发展的中期阶段。伴随互联网巨头相继布局云计算，以及传统金融机构围绕新兴技术的新一轮 IT 改革，云计算在金融行业的应用实践得到加速。同时，相关政策与标准的完善，也使我国金融云行业进入有据可依、有序发展的新阶段。未来，伴随金融信创带来的巨大机会敞口，云原生应用的成熟和金融云产业协同生态的建立，金融云市场有望迎来新的需求爆发。

我国金融行业早在 20 世纪 70 年代便开始信息化建设，拥有非常强大、复杂的 IT 体系。其中，基于大型机和小型机的集中式架构，依托其强大的 RAS（Reliability、Availability、Serviceability）特性被金融机构广泛应用。随着数字化转型的深入发展，云计算通过将计算、存储、网络虚拟化，并建立相应的资源池进行负载均衡管理，使计算资源像水、电一样弹性供给，大大提高了金融机构对 IT 资源的利用效率。

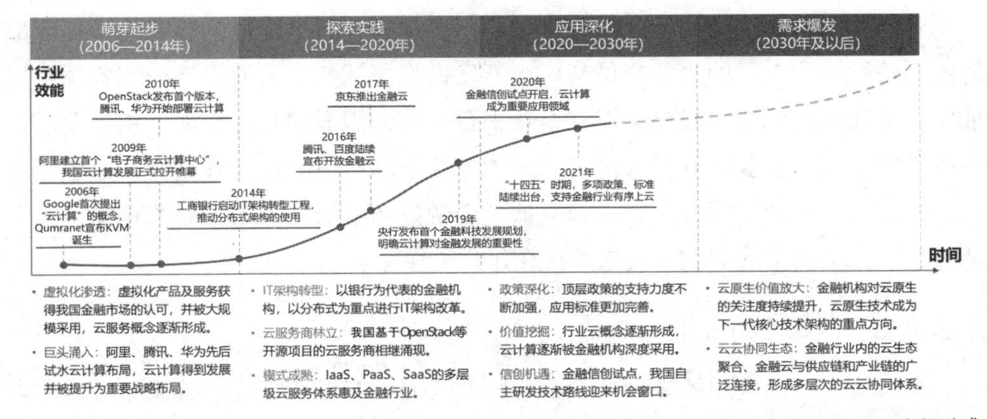

来源：《2022 年中国金融云行业研究报告》

图 8-9　中国金融云行业发展阶段

当前，我国金融机构凭借 IT 系统的领先性，积极实践并采纳前沿科技，持续推动技术创新。其主要表现为云原生成为下一代核心技术架构的重点方向、混合多云战略成为行业共识、金融信创云平台逐渐崛起。各种新技术、新场景的发展，驱动资源云化解耦至业务云化。

1. 云原生成为下一代核心技术架构的重点方向

云原生作为一套先进架构理念与管理方法的集合，已被越来越多的金融机构作为下一代核心技术架构的重点方向。如图 8-10 所示，伴随云原生应用实践的逐渐成熟，企业对云原生的运用呈现出从容器编排（Container Orchestration）、服务网格（Service Mesh）到 Serverless 环环相扣的阶梯式发展。

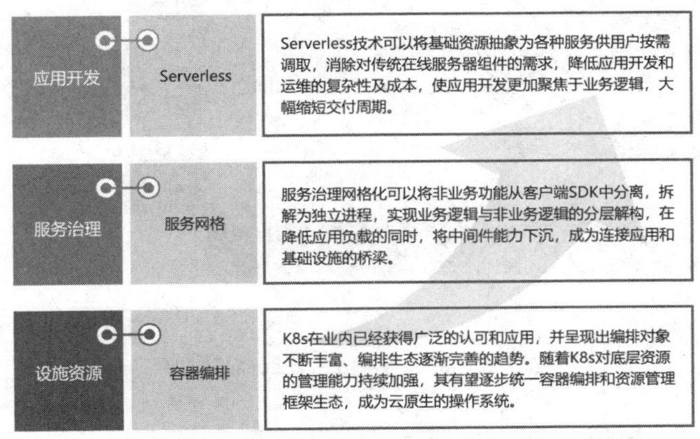

来源：《2022 年中国金融云行业研究报告》

图 8-10　云原生应用的趋势及价值

容器作为云原生架构的底层技术，可以实现毫秒级的弹性响应和异构环境部署的一致性，为上层的服务交付与应用开发做良好铺垫。云原生将云端资源层层抽象，将通用技术能力模块化下沉至云平台，使云服务的重心更加聚焦于上层业务的逻辑实现，使业务开发人员可以更加专注于高价值的业务开发。云原生轻量化、松耦合、强韧性等特点，大幅降低了金融机构上云、用云的心智负担，极大地释放了云端的发展红利，使未来应用可以更多地在云上开发。

2. 混合多云战略成为行业共识

在云原生广泛应用的基础上，金融行业跨云机制不断完善，共建金融行业内外部多层级云云协同生态。单一云平台往往无法满足金融机构的所有业务需求，而多云战略部署以及跨云生态连接已经逐渐成为行业共识。如图 8-11 所示，一方面，金融机构内部公有云、私有云、专有云等部署模式的多云互联，以及不同云服务商云平台的统一纳管，有助于金融机构动态调整上云、用云策略，并提高对优质云端资源的使用效率；另一方面，金融机构对金融云的期盼不再仅仅局限于底层的能力支撑，而是希望依托金融云并以其为触手，连接产业链上下游生态，在挖掘细分场景市场机会的同时，消除金融机构与实体经济之间的信息鸿沟。

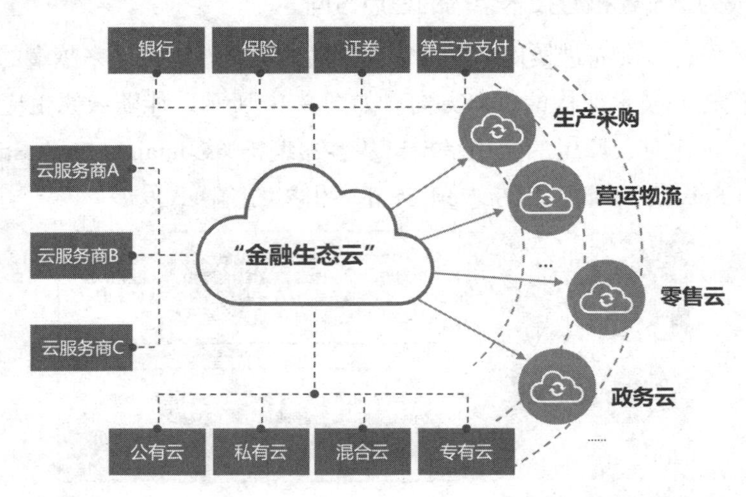

来源：《2022 年中国金融云行业研究报告》

图 8-11 金融行业混合多云战略发展

未来，伴随政策指引、标准保障、技术能力的不断完善，金融行业内外部的跨云协同壁垒将被逐渐打破，以“金融生态云”为中心的多层级协同互联体系有望建成。

3. 金融信创云平台逐渐崛起

在信创需求的驱动下，云计算成为金融信创落地的重要方式。技术安全可信成为金融数字化的重要推手。作为关乎民生的产业，在政策指引下，由党政延伸而来的信创在金融行业进入应用爆发增长阶段。金融信创生态产业链日渐成熟，逐步构建起从基础设施、架构规划设计到操作系统的完善体系，应用领域也从起初的办公系统延伸到核心业务系统，新一代金融全栈信创云平台体系逐渐崛起，安全可信、创新突破的数字金融图景逐步显现。金融信创云平台建设以信创生态兼容适配与非信创资源纳管迁移为基础，在具体实践中更强调平台对稳态、敏态业务的支撑能力，以及系列云上应用与解决方案的延伸空间。“性能适配、数字创新”已成为金融信创云平台建设的长期方向。

8.2.2 金融云安全挑战及政策要求

相比其他行业，金融业务数字化、网络化的特征更加明显，不同业务和不同主体之间的关联性也更强。在宏观政策的推动下，金融机构从核心系统、数据库到各个业务环节，普遍存在旺盛的上云以及更多深度服务的需求。随着金融行业云原生化转型的发展演进，云安全风险日益突出，组织面临新的安全挑战，同时安全监管要求不断提高。

1. 业务云原生化安全挑战

在传统的金融信息系统环境中，更多的是已部署的应用层数据存在风险，而随着金融业务云化的不断深入，虚拟化层面的漏洞攻击、海量数据安全风险、云服务权责分离、多云安全、云原生安全等成为新形势下金融云安全的关注重点。金融云安全风险的变化也促进了金融云安全技术的不断发展，金融云安全技术的发展路径包括安全能力的虚拟化、云化、云原生化等，衍生了多云安全管理平台、云上安全开发平台、云原生安全等安全产品和防护能力。

随着金融行业混合多云架构的应用，以数据中心内部和外部划分的传统安全边界被打破，IT 架构面临更多的安全信任危机。例如，海量连接，打破了网络的边界，原有的一次验证准入，使得访问控制难；数据融合，打破了数据的边界，原有的静态授权粒度粗，使得数据管控难；业务上云，打破了应用的边界，原有的单点防御手段，使得威胁闭环难。同时，随着容器、微服务、DevOps 等领域的快速发展，云原生技术在金融行业已经得到广泛应用，在业界也开始形成更完整的云原生技术架构。云原生在显著提升金融行业云计算能力的同时，也带来了更为复杂的安全需求。一方面，传统 IT 环境中的很多攻击手段，在金融云原生环境中仍然适用；另一方面，云原生引入了大量新的基础设施，这也会带来新的安全问题，例如容器逃逸、基础镜像安全、微服务框架安全等。

2. 安全监管要求不断提高

面对金融云安全的新形势，我国在中央部门、监管机构、研究机构等不同层面均出台了法律法规、调控政策、行业标准等，对关键信息基础设施安全、数据安全和个人信息保护、供应链安全等提出了明确要求，引导金融组织在充分利用和不断提升信息化、数字化的便捷性与高效性的同时，坚守住不发生重大风险和安全事件的底线。

（1）保障金融基础设施安全

金融安全是国家安全的重要组成部分，是经济平稳、健康发展的重要基础，而金融基础设施的安全性对于保障金融安全至关重要。如表 8-1 所示，自 2021 年以来，国家行业监管部门不断出台相关政策文件，为金融基础设施的建设和安全保障指明了方向。

表 8-1 金融基础设施安全相关政策文件

时　间	发布部门	发布文件
2021 年 12 月	中央网络安全和信息化委员会	《“十四五”国家信息化规划》
2021 年 12 月	中国人民银行	《金融科技发展规划（2022—2025 年）》
2022 年 12 月	中共中央、国务院	《中共中央 国务院关于构建数据基础制度更好发挥数据要素作用的意见》
2022 年 6 月	中央全面深化改革委员会第二十六次会议	《强化大型支付平台企业监管促进支付和金融科技规范健康发展工作方案》

（2）重视个人金融信息保护

金融行业的业务特点决定了其信息系统包含大量个人敏感信息，如身份信息、征信信息、账户信息、鉴别信息、金融交易信息、财产信息、借贷信息等客户金融信息。如果个人敏感信息发生泄露，则会直接侵害客户合法权益，给金融机构的正常运营带来影响，更严重的还会造成系统性金融风险，危害公众利益、社会秩序甚至国家安全。如表 8-2 所示，相关监管部门制定了数据保护法律法规和标准，对金融机构在个人金融信息的收集、传输、存储、使用、删除、销毁等生命周期的各个环节提出了具体安全防护要求。

表 8-2　个人金融信息保护相关政策文件

时　间	发布部门	发布文件
2021 年 9 月	全国人民代表大会常务委员会	《中华人民共和国数据安全法》
2021 年 11 月	全国人民代表大会常务委员会	《中华人民共和国个人信息保护法》
2020 年 2 月	中国人民银行	《个人金融信息保护技术规范》（JR/T 0171—2020）

（3）提高金融软件供应链的安全性

随着金融行业信息化、数字化的不断深入，开源软件的漏洞也同步渗透到金融行业，提高金融软件供应链的安全性刻不容缓。如表 8-3 所示，我国行业监管单位和标准制定单位，在多项法律法规及标准规范中对软件供应链安全提出了管控要求。

表 8-3　金融软件供应链安全相关政策文件

时　间	发布部门	发布文件
2019 年 5 月	国家市场监督管理总局、国家标准化管理委员会	《信息安全技术 网络安全等级保护基本要求》（GB/T 22239—2019）
2021 年 9 月	国务院	《关键信息基础设施安全保护条例》
2021 年 10 月	中国人民银行办公厅、中央网络安全和信息化委员会办公室秘书局、工业和信息化部办公厅、中国银行保险监督管理委员会办公厅、中国证券监督管理委员会办公厅	《关于规范金融业开源技术应用与发展的意见》

8.2.3 金融行业 CNAPP 整体方案

安全成熟度较高的金融组织正在实施先进的云安全方案 CNAPP（云原生应用保护平台）。CNAPP 能够在现代复杂的云原生环境中实现全面的可见性，快速识别风险、优先排序、协同响应，从而高效缓解过度风险。

1. CNAPP 方案的架构及优势

在金融行业的云原生环境下，多数传统的安全工具无法应对新的技术挑战和组织挑战。原因有两个：一是组织通常需要使用来自多个供应商的多种工具保护云原生应用的安全，各种工具未被有效地整合；二是工具大多是针对安全专家设计的，缺乏与开发人员协作的能力。通过 CNAPP 可以有效解决以上问题。

（1）CNAPP 方案的架构

CNAPP 是一套统一的、紧密集成的安全和合规方案，旨在保护跨开发和运行时的云原生应用的安全。如图 8-12 所示，CNAPP 整合了大量孤立的功能，包括软件成分分析（SCA）、传统的静态应用程序安全测试（SAST）/ 动态应用程序安全测试（DAST）、API 扫描、云安全态势管理、基础设施即代码扫描、云基础设施授权管理、运行时云工作负载保护、运行时 Web 应用程序和 API 保护、风险扫描等。

图 8-12 CNAPP 方案的架构

总体来看，CNAPP 通过整合多种安全和合规功能，为组织提供了一种全面的解决方案，以保护其云原生应用免受各种威胁和攻击。这种集成不仅提高了效率，还增强了安全性，使组织能够更好地应对日益复杂的云环境安全挑战。

（2）CNAPP 方案的优势

CNAPP 让组织能够利用单一平台识别云原生应用全生命周期的风险，并将开发人员置于应用程序风险责任的核心。该方案的优势主要体现在如下几个方面。

- 更好地识别、确定云原生应用的风险优先级，高效消除风险。
- 通过整合供应商、控制台、策略降低运营的复杂性，从而减少错误配置的可能性。通过统一平台定义跨开发和运行时的一致性安全策略，并在所有的应用程序组件（如代码、容器、虚拟机和 Serverless）中一致地执行。
- 为所有的事件告警映射全面的可视化数据链路，使供应商能够找到产生风险的根本原因，确定消除风险的人员 / 团队，并进行风险优先级排序，从而减少攻击面并缩短补救时间。
- 减少开发人员的摩擦，并改善开发人员的体验。通过将安全测试集成到云原生应用的整个生命周期，并直接集成到开发人员的工具集，CNAPP 能够更早地解决问题并加快应用程序的部署。
- 消除冗余功能（例如，大多数云服务商都提供了容器漏洞扫描工具）。
- 更轻松地启用运行时和开发过程的可见性，并通过双向反馈提高云原生应用全生命周期的安全性。

CNAPP 可以帮助组织在 DevOps 模式中整合运行时和开发过程的可见性、配置与测试，有效化解因开发和部署云原生应用的复杂性而产生的未知风险和意外风险。

2.CNAPP 方案的具体能力

CNAPP 的核心在于可以针对开发过程研发制品进行细粒度的检查和控制，确保上线即安全。同时，CNAPP 可以适配新的云原生安全架构，包括云原生网络、云原生工作负载、云原生应用、云原生 API 服务等。此外，CNAPP 方案还在保留原有安全建设的基础上，重点强化了云原生基础设施的安全能力。

（1）安全左移，确保上线即安全

安全左移，要从组织（责任共担）、流程（打通流程）、技术（安全工具链）三个维度进行。以技术为例，如图 8-13 所示，基于 DevSecOps 理念，安全团队将执行各种类型的分析和安全测试并融入应用程序开发的整个生命周期，比如 SAST、SCA、DAST、RASP、镜像扫描工具等，最终实现“安全往左走，上线即安全”。

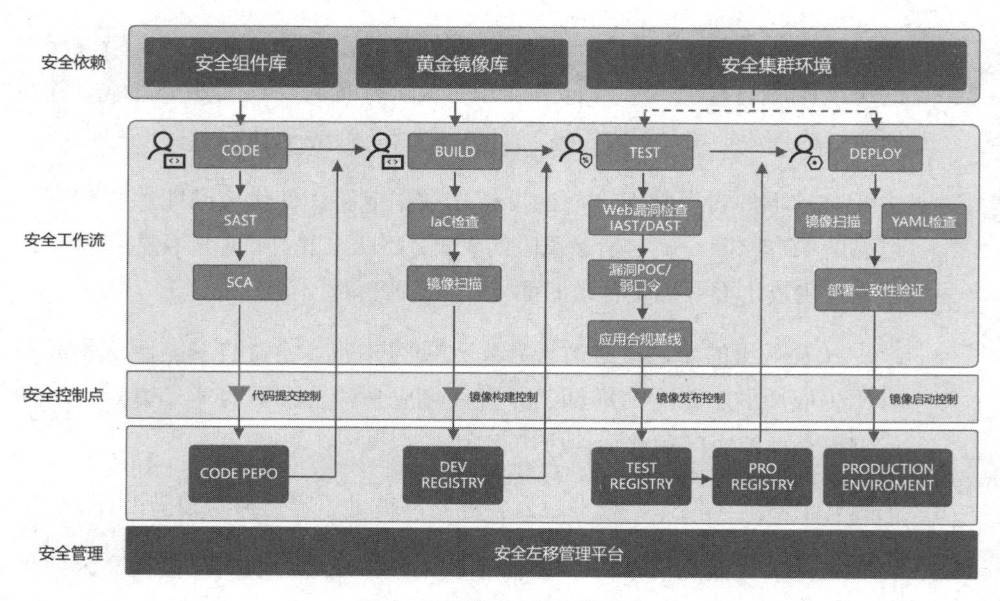

图 8-13 云原生安全左移方案

通过安全左移，可以确保应用程序在开发初期就具备必要的安全防护能力，在上线时就能够达到预期的安全标准。

（2）安全右移，运行时云原生应用安全

运行时经常会存在不同的攻击载体，例如勒索软件攻击、挖矿或其他攻击等，通过安全左移阶段的自动化测试与扫描无法解决这些问题。此外，新的容器、Serverless 漏洞总会存在，因此，即便当前看似安全，未来也很可能成为新披露漏洞的潜在受害者。可见，运行时云原生应用安全作为 DevSecOps 的另一个重要阶段，保障运行时云原生应用的安全至关重要，图 8-14 展示了运行时云原生应用安全方案的具体内容。

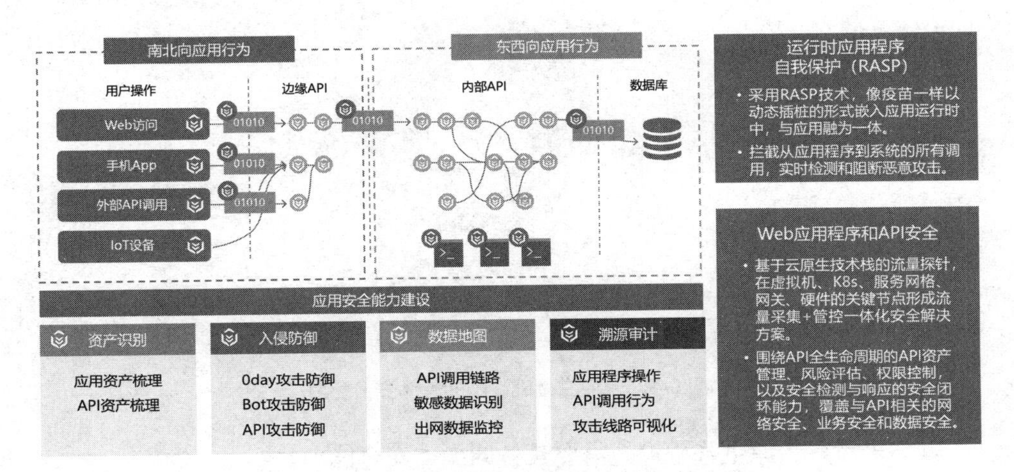

图 8-14　运行时云原生应用安全方案的具体内容

运行时云原生应用安全，主要包括应用内安全和应用间安全。应用内安全是指对云原生应用自身的安全状况进行监控，比如应用使用了哪些软件包、应用调取了哪些函数、应用访问了哪些数据库等。应用间的安全监控和防护也非常重要，比如内部东西向应用间的 API 访问，以及应用对外提供的一些 Web 服务等。

（3）安全下移，云原生基础设施安全

针对镜像安全检测与防护、编排工具及组件安全防护、云原生网络安全防护、运行时安全防护等云原生环境特有场景的安全防护是重中之重，也是确保云原生基础设施安全的关键。图 8-15 展示了云原生基础设施的具体安全能力。

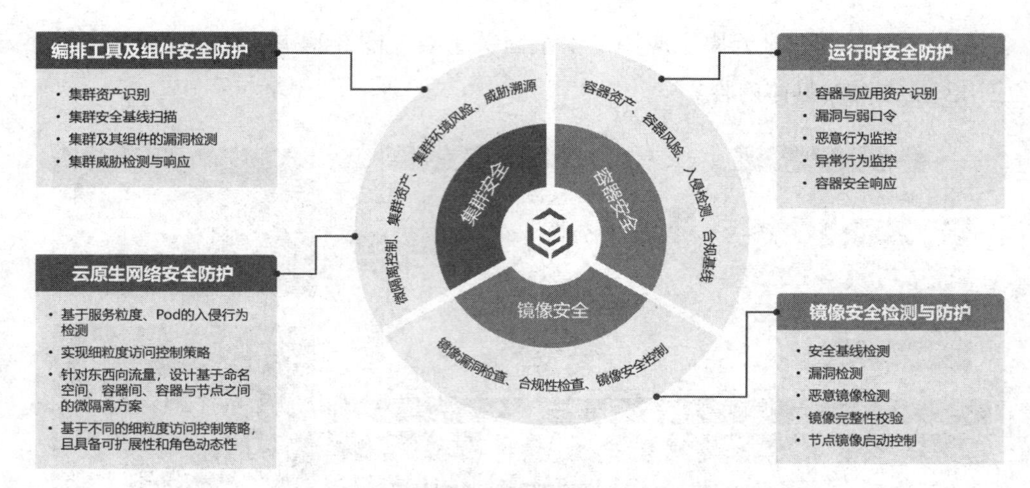

图 8-15 云原生基础设施的具体安全能力

具体来看，云原生基础设施需要具备四大类安全能力。

- 资产清点与实时监控：支持 K8s、容器、镜像、Registry、主机、软件应用、数据库、Web 服务等容器资产的快速清点和实时上报。
- 自适应微隔离：容器业务依赖关系复杂，通过对访问关系的梳理和学习，提供自适应的、自迁移的、自维护的网络隔离策略。一旦发现容器失陷的情况，就采取一键隔离的策略。
- 入侵威胁监控与分析：面对众多的容器运行时入侵行为，能够实时检测容器中的已知威胁、恶意行为、异常事件，并对异常偏离的行为进行分析，发现未知的入侵威胁，包括 0day 等高级攻击。
- 镜像安全：确保镜像安全是重中之重，能够在开发、测试的各个阶段快速发现镜像中存在的漏洞、病毒、木马、Webshell 等风险。

云原生基础设施安全防护需要采取多层次、全方位的策略，通过建设上述安全能力，可以有效提升云原生基础设施的整体安全性。

8.2.4 金融企业 CNAPP 实践

金融企业通过采用 CNAPP 方案来降低单点工具整合带来的复杂性，简化安全策略的实施，提供更好的上下文和优先级，同时改善开发人员的体验，探索减少单点解决方案的重复成本的可能。

1. CNAPP 的初级能力、中级能力和高级能力

CNAPP 的功能相对广泛，如表 8-4 所示，我们将 CNAPP 的能力分为初级能力、中级能力和高级能力三类。

表 8-4　CNAPP 的能力分级及具体内容

CNAPP 初级能力	虚拟机（VM）和容器工作负载的运行时可见性
	云安全态势管理，包括 Kubernetes 安全态势管理
	基础设施即代码（IaC）扫描，包括主要的 IaC 脚本扫描和用于 Kubernetes 的 YAML/Helm 扫描
	云基础设施授权管理
	网络连接映射
	容器和镜像仓库的风险扫描
	软件成分分析（SCA），包括软件物料清单（SBOM）的创建
	风险扫描，包括配置扫描、针对已知漏洞的扫描、加密对象扫描、攻击路径分析
CNAPP 中级能力	从内部实时了解关键虚拟机和容器等工作负载，包括工作负载检测和响应
	API 发现和扫描，以确保开发中的配置正确
	开发中的 API 发现和运行时监控
	非结构化 IaaS 数据库的风险扫描
	网络监控能力
	工作负载检测和响应
	扩展的云检测和响应（CDR）功能，不局限于工作负载监控（如查看事件日志、网络日志和 DNS 查找）
	与预期状态的偏差检测
	支持其他常见的云，如甲骨文云、IBM 云、阿里云、腾讯云
	其他应用程序组件的风险扫描
	支持 Serverless 功能
	风险扫描，包括非结构化数据库中的敏感数据、恶意软件扫描

续表

CNAPP 高级能力	运行时应用程序自我保护（RASP）
	Serverless 功能检测和监控
	应用层可见性 / 监控
	支持基于 VMware 的基础架构
	支持其他的云和容器环境，例如 Red Hat OpenShift 和 SUSE 的 Rancher
	支持策略即代码扫描
	支持开放策略代理
	运行时 Web 应用程序和 API 保护（WAAP）
	IaaS 结构化数据库的风险扫描（结合非结构化数据库扫描，提供数据安全态势管理功能）
	自定义代码的传统静态分析，发现未知漏洞
	针对未知漏洞的传统动态扫描
	针对未知漏洞的 API 扫描
	SCA 之外的开发管道 / 软件供应链安全
	开发管道加固
	风险扫描，包括扫描结构化数据库中的敏感数据、自定义代码，以查找未知漏洞

CNAPP 通过提供从基础到高级的多层次安全功能，帮助企业保护其云原生应用免受各种威胁。其中，每个层次都在前一个层次的基础上增加了更多的功能和能力，以应对更复杂的安全挑战。

2. 金融企业选择 CNAPP 方案的评估项

金融企业在决定采用 CNAPP 方案时应提前做好安全需求评估，并将需求分为必需需求、首选需求和可选需求。较多的 CNAPP 方案供应商起初为云工作负载保护平台供应商，后来随着开发模式转向云原生应用，这些供应商“左移”了容器扫描功能，并加入了云安全态势管理（CSPM）功能。CNAPP 方案提供了内聚整合的安全能力，金融企业在选择 CNAPP 方案供应商时，应重点关注以下几个方面的内容。

- 所有服务都应该完全集成，而不是松散耦合的独立模块。其中包括前端控制台、跨多个检查点的统一策略和统一的后端数据模型的集成。
- 深入了解应用程序元素（虚拟机、容器、服务功能和存储）、安全状况、权限和连接之间的关系。这通常由底层的图数据库技术提供支持。
- 深入了解开发组件（自定义代码、库、容器镜像、虚拟机和 IaC 脚本）之间的关系，包括创建者和创建时间、部署者和部署时间，以及更改者和更改时间的变化。
- 集成的高级数据分析功能与行为关系相结合，可以在开发和运行时对发现的风险进行优先级排序。
- 通过统一的管理平面减少多个控制台之间的切换。
- 支持跨所有组件（容器、虚拟机、Serverless 和数据存储）进行风险检查，并实施统一的安全策略。
- 对云原生组件的检查可以基于云的 SaaS 模式或客户本地配置，让客户自行选择检查的位置，从而满足金融行业的特性需求。
- 即使安全方案是基于云统一交付的，也可以设置单一租户选项，从而满足金融行业的特性需求。
- 与密钥管理系统集成，允许对加密存储对象进行风险扫描。
- 将代码存储库、构建服务器、容器注册表及其审计 / 监控日志集成到 CI/CD 管道通用开发工具集中。
- 具有根据常见的合规性标准（如 CIS）进行报告的预定义模板。
- 支持常规的云服务商。

通过重点关注这些方面，金融企业可以选择最能满足自己需求的 CNAPP 方案供应商，从而有效提升其云原生应用的安全性和合规性。

8.3 5G 云基础设施安全实践

5G 网络是移动通信技术与人工智能、云计算、大数据等技术的高度融合以及系统架构的创新，涉及网络核心、管理架构以及无线端协议到应用层协议的变革，而这些变革使 5G 面临更复杂的安全挑战。本节将重点阐述 5G 与云结合的应用场景，以及其所面临的安全挑战和解决方案实践。

8.3.1 5G 应用场景及安全挑战

5G 技术的应用场景广泛，涵盖了增强移动宽带（eMBB）、海量机器类通信（mMTC）、高可靠低时延通信（uRLLC）等多个领域。5G 技术的应用为各行各业带来了创新性变革，同时也带来了前所未有的安全挑战。

1. 5G 的技术架构模型

5G 是 21 世纪 20 年代为数字服务提供支持的第五代移动通信技术。图 8-16 展示了独立的 5G 技术架构模型。从架构和安全的角度来看，5G 带来了许多变化。

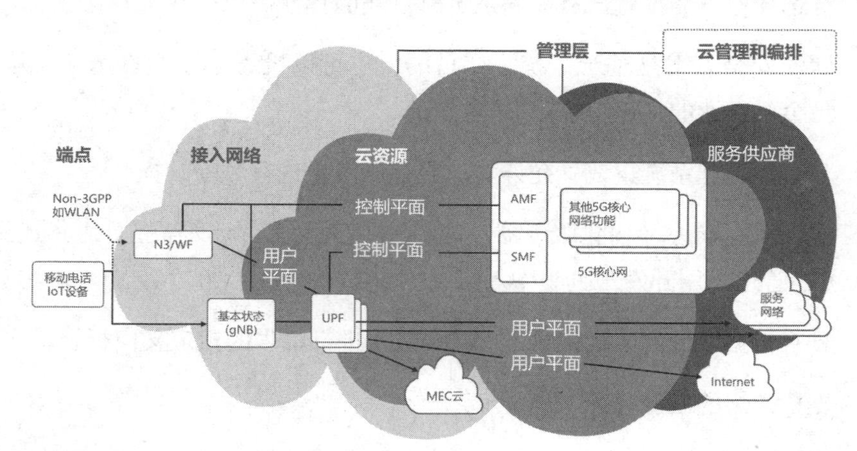

图 8-16 5G 技术架构模型

5G 技术架构模型中的关键系统要素包括端点（终端或用户设备）、接入网络、云资源、5G 核心网功能、MEC（多接入边缘计算）云。这些要素共同构成了 5G 网络的基础架构，使其能够支持高速率、高可靠性的通信需求。

- 端点（终端或用户设备）：连接到5G服务的手机、物联网设备和其他设备。5G使用了新的协议，与上一代移动通信技术相比，它在无线信道的通信安全性和隐私性方面有了很大的改进。
- 接入网络：从骨干网络到用户终端之间的所有设备。接入网络包括无线接入网络和有线接入网络。基站属于无线接入网络。
- 云资源：为了提供所需的软件定义云计算、网络和存储服务而设置的数据中心资源，以安装5G核心网功能，并且运行和管理移动网络运营所需的其他软件。
- 5G核心网功能：在电信云中，已经配置了AMF（接入和移动功能）和SMF（会话管理功能）等5G核心网功能，作为云工作负载。5G核心网功能是使用云自动化和编排机制部署的软件。
- MEC云：预计MEC云将成为未来5G网络架构的扩展，其目的是让服务和应用提供商尽可能将云工作负载部署在接近移动用户的地方。这样可以最大限度地减少延迟并提供最佳的接入速度。

5G技术在架构和安全性方面都进行了重大革新，不仅提高了网络的灵活性和可扩展性，还增强了数据传输的安全性和隐私保护，为数字服务提供了坚实的基础。

2. 5G的典型应用场景

5G改变了移动连接的游戏规则，该技术为智能手机和物联网设备连接到云基础设施提供了高速度和低延迟的性能。5G是第一个为云设计的移动技术。云计算的多租户、虚拟化、广泛的设备接入、资源池化和快速弹性等特性，为5G带来了增强的移动性、性能、服务敏捷性和安全性等潜在优势。同时，5G与云的结合也产生众多新的业务场景。例如，在智能工厂领域，制造商可以通过机器学习云服务进行分析，预测设备维护需求并检测潜在的问题或故障。5G提供了移动设备和物联网设备与云基础设施的安全、快速连接。在汽车物联网领域，5G网络凭借其性能，成为工业中数据传输的优势手段。在自动驾驶汽车行业，通过5G技术，来自车辆传感器和摄像头的数据可以被轻松、高速地发送到云端，由云端人工智能工具进行处理。

具体来看，5G 有三类主要应用场景，即 eMBB 应用场景、mMTC 应用场景和 uRLLC 应用场景。

（1）eMBB 应用场景

在该场景下，5G 网络的峰值速率和用户体验速率较 4G 网络增长 10 倍以上，这对安全基础设施的计算与处理能力提出了挑战。在网络入口处，通常需要部署安全基础设施来进行网络或业务策略的访问控制。同时，为了保护用户隐私，对数据或信息也要进行访问控制。传统的安全基础设施以单设备、高性能来提升计算与处理能力，这种模式将很难适应超大流量的 5G 网络防护需求。因此，构建云化的安全基础设施，实现高性能的安全处理能力，将是未来安全基础设施提高其计算与处理能力、应对海量数据的主要途径。

（2）mMTC 应用场景

在该场景下，连接密度从 10 万台 / 平方千米增大到 100 万台 / 平方千米。数量的变化也会带来新的安全问题。首先，终端设备数量巨大，即使在正常情况下发包频率也不高，数据包不大，但其认证过程以及正常的业务数据都有可能带来极高的瞬时业务峰值，从而引发信令风暴；其次，无人值守的终端设备一旦被劫持，就可能会构成一个巨型的“僵尸网络”，进而对其他关键网络基础设施发起 DDoS（分布式拒绝服务）攻击。因此，需要研究海量终端设备接入安全机制，加强细粒度的设备管控。

（3）uRLLC 应用场景

在该场景下，要求端到端时延从 10ms 降到 1ms。典型应用包括车联网与自动化辅助驾驶、远程医疗以及工业自动化控制等。由于这类应用本身关系到人身安全或高额经济利益，因此对安全能力的要求与对网络自身能力的要求同等重要。针对这类应用的安全防护机制相对严苛，在实现高安全防护的同时不能影响到应用体验。例如，在传统网络架构中，基于多层隧道等补丁式防护手段很难满足这类应用的要求。低时延应用需要依赖网络部署 MEC（多接入边缘计算）能力来降低网络时延；但是 MEC 需要将部分原本位于运营商核心机房的功能下沉至接近用户位置的网络边缘进行部署，部署位置甚至完全脱离了运营商控制区域（例如企业园区等），这增加了核心设备遭受攻击的风险。

5G 技术通过其高速、大容量、低延迟和高可靠性的特点，为多种行业提供了前所未有的可能性，推动了这些行业的数字化转型和创新发展。

3. 5G 面临的安全挑战

云计算技术是在 5G 中实现虚拟网络的基础，能够为特定用例、移动网络运营商或客户的网络进行动态分配和管理，对 5G 网络的成功使用起到关键作用。任何新技术都会带来安全问题，5G 对云的应用也不例外。5G 在网络设计上进行了软件和硬件解耦、控制与转发分离，并引入了网络切片和网络能力开放等新技术来提升网络的灵活性、可扩展性、可重构能力。5G 服务化架构在满足不同垂直行业应用需求的同时，也引发了一些新的安全问题。

（1）安全防护对象发生变化

5G 网络基础设施云化，使得资源利用率和资源提供方式的灵活性得到大大提升，但也打破了原有以物理设备为边界的资源提供方式。在 3G、4G 网络中，以物理实体为核心的安全防护技术在 5G 网络中不再适用，需要建立起以云资源和云网络功能为目标的安全防护体系。

（2）多租户安全问题

云基础设施面临的一个重大安全挑战是多租户，即多个云基础设施客户使用共享的物理基础设施，例如移动网络运营商。多租户强调需要加强安全配置技术，以便为每个客户隔离工作负载（例如虚拟化 / 容器化）。云基础设施面临的另一个安全挑战是，5G 网络与垂直行业应用的结合，使得一批新的参与者、新的设备类型加入价值链中。例如，在传统移动网络中，网络运营商通常也是基础设施供应商，而在 5G 时代，可能会引入虚拟移动网络运营商的角色。虚拟移动网络运营商需要从移动网络运营商 / 基础设施供应商处购买网络切片。相比传统网络的终端用户，5G 网络除手机用户之外，还有各种物联网（IoT）设备用户、交通工具等。因此，5G 网络需要构建新的信任管理体系，研究身份和信任管理机制，以解决各个角色之间的多元信任问题。

（3）威胁检测和响应能力

与 5G 云基础设施有关的威胁向量，包括软件 / 配置、网络安全、网络切片和软件定义网络。为了应对这种威胁，必须安全地构建和配置 5G 云基础设施，并具备检测和响应威胁的能力，为部署安全的网络功能提供一个坚固的环境。

5G 技术的发展带来了许多便利，同时也带来了新的安全挑战。只有通过不断的安全技术创新，才能有效应对这些挑战，保障 5G 网络的安全、稳定运行。

8.3.2 5G 云基础设施安全策略

为了应对 5G 云基础设施安全挑战，需要重点解决四个领域的问题。其一，防止和检测横向移动，检测 5G 云中的恶意威胁行为活动，防止攻击者利用单一云资源的漏洞来破坏整个网络；其二，安全隔离网络资源，确保客户资源之间存在安全隔离，重点是保护支持虚拟网络功能运行的容器堆栈；其三，保护 5G 数据安全，即保护传输中、使用中和静止的数据，确保数据全生命周期安全；其四，确保基础设施的完整性，确保对 5G 云资源没有进行未经授权的更改。

1. 防止和检测横向移动

在 5G 云环境中，有多个方面易受攻击。例如，利用客户和网络运营商使用的管理门户网站中的 Web 漏洞、利用 5G 核心网中恶意或脆弱的应用程序、利用虚拟网络堆栈或 RAN 云中的错误配置。无论攻击者的初始位置在哪里，都必须在云中设置控制措施，以检测并防止攻击者进一步移动。下面介绍防止和检测攻击者横向移动的具体实践。

（1）实施身份和访问管理

攻击者在内网着陆后，通常会利用可用的内部服务来横向移动，特别是寻找未经身份验证的服务。例如，攻击者可能会在被破坏的虚拟机或容器上的初始位置访问未在外部公开的 API 或服务端点。在 5G 云环境下，这类暴露风险更突出，因为 5G 网络有更多的部署形式，如基于服务的架构（SBA）、容器和虚拟机，这产生了更多的通信流量。在网络功能层和底层的云基础设施层降低此类攻击的风险，是降低横向移动风险的关键。下面为具体实践和缓解措施。

- 5G 网络应该为将与 5G 网络中的其他元素进行通信的所有元素（最好是为每个接口）分配唯一标识。

- 在允许访问资源（如 API、CLI）之前，每个网络元素都应该对请求访问的实体进行身份验证和授权。
- 在可能的情况下，应该使用来自可信证书颁发机构（CA）的公钥基础设施 X.509 证书来分配身份，而不是使用用户名和密码。
- 如果必须使用用户名和密码，则应该启用多因素验证（MFA），以减少妥协的风险。
- 5G 网络应该为凭据管理提供自动化机制，其在云环境中更容易集成。
- 当身份验证依赖多个 CA 时，使用证书锁定或公钥锁定来提供额外的身份保证。证书锁定和公钥锁定将主机与预期的证书关联起来，减少了 CA 损坏的影响。
- 应该记录所有对资源的访问权限。每个日志条目都应该包含时间、资源、请求实体（名称或服务）、有关请求实体的位置信息（区域、IP 地址），以及访问请求的结果（允许、拒绝）。
- 应该定期部署和运行用于检测潜在恶意资源访问的分析工具。

通过实施上述措施，可以有效地减少 5G 云环境下的安全风险，保护组织免受未经授权的访问和攻击。

（2）保持 5G 软件更新，防范已知漏洞

5G 云部署依赖从异构软件源构建的多个服务的安全协调。除了构成典型云的基本服务，5G 云还可以部署开源或专门的服务来支持网络切片，包括实现虚拟网络功能的第三方应用程序。这些软件中的任何一个漏洞都可能被攻击者利用，获得对 5G 云基础设施的初始访问权，或者使已在云中建立了立足点的攻击者能够横向移动。在 5G 云环境中，保障所使用软件的安全性对于防止攻击和横向移动至关重要。为此，可以将源代码扫描工具集成到软件开发和部署的过程中。下面为具体实践和缓解措施。

- 使用一个或多个软件扫描工具或者服务，定期扫描软件存储库中的已知漏洞和过时版本。

- 定期监控被集成到网络切片基础设施中的第三方应用程序和库，以发现公开报告的漏洞。
- 修补内部操作环境中的关键漏洞（策略定义，建议：<15 天）和其他漏洞（策略定义，建议：<60 天）。

通过定期进行源代码扫描，监控并管理第三方应用程序和库，可以有效地提升 5G 云环境的安全性，从而防止攻击者利用漏洞进行攻击或横向移动。

（3）在 5G 云中安全配置网络

在 5G 云环境中，两个网络功能或微服务可能位于同一个逻辑网络段中，但其功能可能属于两个完全不同的安全组。我们可以使用网络访问控制列表（ACL）或有状态防火墙来构建安全组，该防火墙决定允许哪些出站连接或入站连接，或者网络切片实例化。同样的原则也适用于底层基础设施。例如，一个具有控制平面和工作网络的 Kubernetes（简称 K8s）集群应该使用网络功能（子网和有状态防火墙 /ACL）来控制哪些节点可以通信，从而增加额外的安全层。下面为具体实践和缓解措施。

- 根据 K8s Pod 创建安全组。Pod 的安全组通过在共享计算资源上运行具有不同安全要求的应用程序，可以很容易地实现网络的安全性、合规性。
- 使用专用网络连接微服务 / 网络功能。这可以通过容器网络插件来实现，它允许将多个网络接口附加到 Pod 中。
- 配置默认的防火墙规则或默认的 ACL，以阻止 Pod 和工作节点级别的入站连接与出站连接。这通常由 K8s 网络策略提供支持。一些容器网络接口增强了过滤功能，以保护部署 K8s 的主机免受 Pod 和集群外部通信的影响。
- 使用服务网格来保护节点到节点的流量。

通过以上安全实践，可以有效地在 5G 云环境中配置和维护一个安全的网络环境，保护数据和资源免受未经授权的访问和其他安全威胁。

（4）锁定隔离网络功能之间的通信

与 4G 相比，使用 5G 网络，可以在网络元素之间进行更多的通信会话。网络功能（NF）可以通过控制平面、用户平面、管理平面以及云基础设施进行通信。网络元素可以被隔离，以满足客户、网络切片或用例的安全要求。依赖不安全的认证机制，或者没有被策略充分锁定的通信路径，可以被攻击者用作横向移动的路径。为了有效地防止和检测横向移动，5G 网络应确保所有的通信会话均经过适当的授权和加密。下面为具体实践和缓解措施。

- 5G 网络应确保 NF 的控制平面、用户平面、管理平面以及云基础设施上的所有通信会话都使用身份和授权会话提供的身份进行验证。例如，这些会话可以使用相互身份验证的 TLS v1.2 或更高版本，其中 X.509 证书是经过身份验证的身份。
- 应该创建和部署基于安全身份验证和授权的策略，强制隔离同一个安全组中的网络资源。

通过实施严格的身份验证和授权机制，可以有效地防止和检测横向移动，从而提高整个网络的安全性。

（5）监控和检测横向移动

攻击者通过窃取合法、授权的用户凭据或者利用 5G 云环境中的漏洞，可以在移动网络运营商（MNO）的网络设备内部横向移动。通过持续监控 5G 云环境，可以发现横向移动的行为。下面为具体实践和缓解措施。

- 云中的大多数网络设备都是容器化的，如果是没有经过认证的访问，则不能从一个容器连接到另一个容器。
- 攻击者在横向移动过程中需要绕过几种安全保护措施，因此，组织可以监控如下两个指标，检测攻击者的恶意活动。其一，两个网络节点的 OA&M 接口之间的扫描行为或打开异常端口的行为；其二，用户行为异常（一天中的使用时间、使用频率等异常情况）。
- 网络通信异常。攻击者执行漏洞利用或提取信息，可能会导致存在不寻常的网络通信。例如，不经常通信的内部系统进行通信了。

- Pod / 容器日志记录异常，如发生意外的系统调用。容器逃逸通常是由于在容器化的应用程序中出现了异常行为。这种异常行为可以通过与 Pod 行为基线的比较，或者通过机器学习和人工智能支持的安全审计来识别。

（6）使用分析工具检测攻击

由于经常发生大量的网络流量事件、身份和访问管理事件，因此，在 5G 云环境中检测是否存在攻击者或其他安全事件具有挑战性。基于机器学习和人工智能的复杂分析，可以检测云内的攻击活动。在部署分析能力时，需要平衡数据机密性需求与检查网络流量威胁的能力。在具体实践过程中，5G 云堆栈各层的利益相关者都应该利用分析平台，执行与该层相关的数据分析。该分析能够检测到已知和未知的威胁，同时应该具有预测威胁和异常情况的能力。

2. 安全隔离网络资源

Pod 是在 5G 数据中心执行 5G 网络功能的隔离功能。Pod 提供了高度可配置的、灵活的工作负载，同时加强了对每个工作负载的隔离。5G 云组件的规模和互操作性要求，使得安全配置 Pod 成为一项具有挑战性但又很重要的工作。强大的 Pod 安全态势，可以利用容器化技术来加强已部署的应用程序的安全性，保护 Pod 之间的交互，并检测集群内的恶意 / 异常活动。下面介绍安全隔离网络资源的具体实践和缓解措施。

（1）限制容器在特权模式下运行

容器与主机共享相同的内核，并且在特权模式下运行的容器将继承与 root 权限关联的功能。如果攻击者利用内核中的漏洞实现容器逃逸，他们就可以通过权限提升访问集群内的敏感数据，并可以在集群中横向移动。因此，需要限制容器在特权模式下运行。

（2）不要以 root 权限运行容器中的进程

在默认情况下，容器是以 root 权限运行的。如果攻击者利用应用程序中的漏洞并获得在容器中任意执行的权限，则可能会存在风险。Kubernetes PodSpec 包含一组字段，指定运行应用程序的用户和组。或者，使用 Dockerfile USER 指令指示引擎以非 root 权限运行容器。容器编排平台提供了技术控制和策略来强制执行非 root 权限操作。

（3）不允许特权升级

特权升级允许进程更改其运行时的安全上下文。Sudo 就是一个很好的例子，带有 SUID 位或 SGID 位的二进制文件也是如此。特权升级是用户使用具有其他用户或组权限的文件的一种方式。容器编排平台提供了技术控制和策略，以防止特权升级。

（4）限制 HostPath 的使用

HostPath 是一个将目录从主机直接装载到容器中的卷。Pod 很少需要这种类型的访问权限。在默认情况下，以 root 权限运行的 Pod 具有对 HostPath 公开的文件系统的写权限。这可能会使攻击者修改 Kubelet 设置，创建指向 HostPath 未直接公开的目录或文件的符号链接（例如 /etc/shadow），安装 SSH 密钥，读取被挂载到主机的密钥，以及进行其他恶意操作。容器编排平台提供了技术控制和策略，限制 HostPath 所使用的目录，并确保这些目录是只读的。

（5）使用 TEE 加密隔离关键容器

内存中的数据与存储设备中的数据至关重要。这是机密计算的重点——使用基于硬件的可信执行环境（TEE）等技术在计算设备上保护数据。TEE 是由计算设备中的处理器保护的内存区域，硬件确保了 TEE 内代码和数据的机密性与完整性。在 TEE 中运行的代码已被授权和验证。5G 网络功能（NF）可以通过两种方式利用 TEE。其中一种方式是在每个进程的 TEE 模式下，NF 可以被分解为不可信和受信任的组件，后者运行在 TEE 中的容器上；另一种方式是使整个 NF 运行在 TEE 中的容器上，而不需要重构。

（6）运行时安全性

运行时安全性提供了主动保护，以检测和防止在容器运行期间发生恶意活动。安全计算（seccomp）可以防止容器化的应用程序对底层系统的内核进行某些系统调用（syscall）。虽然 Linux 操作系统有几百个系统调用，但其中许多调用对于运行容器来说并不是必需的。通过缩小系统调用的范围，可以减少应用程序的攻击面。

（7）确保容器安全，避免发生资源竞争和 DoS 攻击

理论上，没有限制的 Pod 可以消耗主机上的所有可用资源。资源限制值是允

许容器消耗的 CPU 和内存资源的最大数量。如果一个容器的资源消耗超过了设定的阈值，那么它将被限制。我们可以使用 PodSpec 设置限制，以减少资源冲突，并减少因编写不当或消耗过多资源而导致应用程序损坏所产生的风险。我们也可以设置资源配额或创建限制范围，这可能会对命名空间的使用实行强制限制。

（8）实时威胁检测和事件响应

考虑到当前的威胁环境，支持多租户的 5G 云基础设施中的威胁检测和事件响应必须是实时的。为了实现实时检测和响应，需要减少攻击面，包括启用隔离和日志记录，并通过对人员、组件和设备的动态身份验证，实时检测和防止异常行为。

3. 保护 5G 数据安全

5G 云基础设施涉及四个安全域，分别是工作负载，包括部署在虚拟机或容器上的虚拟网络功能（VNF）和云原生网络功能（CNF，以前称为“容器化网络功能”）；平台，支持工作负载的硬件、软件和网络；前端网络，平台与其他网络之间的网络连接；后端网络，平台与数据中心之间的网络连接。图 8-17 展示了 5G 云基础设施的安全域，以及在每个域中实现云数据的机密性、完整性和可用性保护的高级要求。

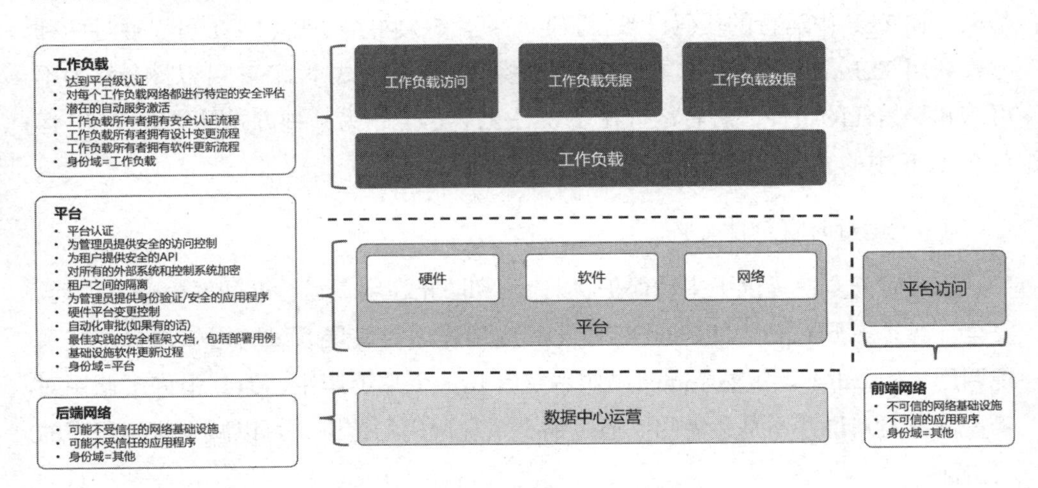

图 8-17　5G 云基础设施的安全域及数据保护要求

5G 云基础设施的数据安全保护是一个多层次、多维度的问题，需要综合考虑各种技术和管理措施，以确保整个系统的安全性和稳定性。

（1）数据的机密性、完整性和可用性保护

保护 5G 云基础设施中数据的机密性、完整性和可用性至关重要。数据机密性保护措施旨在保护敏感信息免受未经授权的访问。数据完整性保护可确保数据不会被未经授权的访问篡改或更改。数据可用性保护可保障已授权用户合法访问数据的权利。下面为具体实践和缓解措施。

- 必须确保传输中和静止状态下的数据以及相关元数据的机密性和完整性。
- 必须确保流程的机密性和完整性，并限制仅与已授权的各方（如租户）共享信息。
- 必须确保工作负载资源（RAM、CPU、存储、网络 I/O、缓存、硬件）的机密性和完整性，并限制仅与授权方共享信息。
- 平台不得允许除授权参与者以外的任何参与者（例如，拥有工作负载的租户）进行内存检查。

通过对上述措施的综合应用，可以有效地保护 5G 云基础设施中数据的机密性、完整性和可用性，从而支持业务的顺利运行，提高决策的准确性。

（2）数据传输保护

在 5G 网络中，传输中的数据被应用于两个不同的平面，即控制平面（CP）和用户平面（UP）。控制平面数据通过传输层安全（TLS）技术进行加密。控制平面数据的机密性和完整性保护都是 5G 端点设备与 5G 基站所必需的能力。对端点设备和基站之间的所有控制平面数据（除了少数例外情况，包括未经身份验证的紧急呼叫）必须进行完整性保护，而对控制平面数据的机密性保护仍然是可选的。用户平面数据的机密性和完整性保护功能是必需的，但可由操作人员根据用户设备和基站上的额外处理负载及其所产生的通信数据包的大小来决定。下面为具体实践和缓解措施。

- 对用户平面的威胁，如中间人攻击和隐私泄露，可以通过使用机密性和完整性保护功能来处理。对于其他攻击，如拒绝服务（DoS）攻击，必须在控制平面上进行处理，可以使用完整性和可选的机密性保护功能。

- 如果在提供服务时使用了多个托管设施，那么用于备份、管理和工作负载通信的设施之间的网络数据，应该在数据中心设施之间的传输中得到加密保护。
- 数据传输系统应该使用限制安全风险的协议，如 SNMP v3、SSH v2、ICMP、NTP、syslog 和 TLS v1.2 或更高版本。同时，在将加密的数据从一个系统发送到另一个系统之前，必须进行相互身份验证。
- 确保对所有形式的数据都使用具有强完整性保护的强加密算法进行保护。
- 使用多个基于云的硬件安全模块（HSM），并将其作为高风险或高价值数据传输的信任根，有助于实现数据的高可用性、数据安全监控和治理。

保护 5G 网络传输中的数据安全，需要综合考虑控制平面和用户平面的不同需求及其所面对的挑战。通过实施适当的安全措施和标准，可以有效地保护数据免受未经授权的访问和篡改，从而提高整个网络的安全性

（3）静止数据保护

云环境中的静止数据，特别是 5G 云基础设施上的静止数据，可以以多种形式存在。在 5G 解决方案中，保护静止状态下的数据，除了要满足有关保护敏感信息和机密数据的法规要求，还必须满足 3GPP 的要求。静止状态下的数据可以驻留在主存储、副本存储或备份存储中。所有与静止数据相关的存储形式，必须满足保护静止数据的最低要求。下面为具体实践和缓解措施。

- 对持久保存在主存储、副本存储或备份存储中的所有数据进行加密。
- 确保使用具有强完整性保护的强加密算法保护所有静止数据。
- 定期刷新用于保护数据的加密密钥，每年至少刷新一次。
- 通过对工作负载卷进行加密并将加密密钥存储在多个安全位置来确保安全。
- 制定对数据进行评估和分类的政策与流程，确保具有敏感和机密属性的数据得到适当级别的保护。

- 对存储静止数据的环境进行安全相关测试和审计，确保保护方案的有效性。
- 确保对静止数据的访问、身份和访问管理（IAM）的安全，并严格控制对静止数据的访问。
- 确保对所有数据的访问都是唯一可识别的，实现数据访问的可追溯性。
- 通过对数据进行实时备份来确保数据的可用性，以防止攻击（例如勒索软件攻击）。
- 对静止数据的访问使用多因素验证或基于公钥基础设施（PKI）的证书身份验证。
- 利用工具检测影响数据完整性的事件，并存在数据完整性恢复流程。
- 与传输中的数据一样，应该使用多个基于云的硬件安全模块，并将其作为高风险或高价值静止数据的信任根。这有助于满足监管要求，实现数据的高可用性、数据安全监控和治理。

保护静止数据安全，需要综合考虑技术、管理和合规等多个方面。通过实施上述措施，可以有效地保护静止数据免受各种威胁。

（4）数据使用保护

在云环境中，普遍使用本地存储或网络附加存储（NAS）中的强加密算法来保护数据。但是，当CPU处理相同的数据时，此数据被保存为内存中的纯文本，不受加密保护。内存中的数据包含高价值的资产，如加密密钥、会话密钥、凭据、个人身份信息、客户IP地址和重要的系统数据等。虚拟化、云计算和多租户为云环境带来了复杂性。来自两个不同客户的虚拟机或容器可以在同一台机器上运行。对于重要的工作负载，需要使其免受底层特权系统堆栈和物理访问的威胁。因此，内存中的数据至关重要。这是机密计算的重点——使用基于硬件的技术，如可信执行环境（TEE）来保护在计算设备上使用的数据。在TEE中运行的代码已被授权和验证。即使使用特权系统进程，也不能从TEE外部读取或修改TEE内部的数据。数据只在执行期间的CPU缓存中可见。TEE减少了在系统处理工作负载时分层信任固件和软件的需要。下面为具体实践和缓解措施。

- 在将代码加载到 TEE 中之前，对源代码进行分析。
- 为了获得最新的安全修复程序，需要定期更新系统和打补丁。
- 验证提供 TEE 的设备、系统和基础设施已定期更新，并为最新版本。
- 利用 TEE 对工作负载和敏感数据进行保护。

通过实施上述措施，可以有效地利用 TEE 技术来保护云环境中的敏感数据和工作负载。即使面对复杂的虚拟化和多租户环境，也能保持高级别的安全性。

4. 确保基础设施的完整性

基于微服务架构，使用虚拟化功能部署 5G 核心网，可以获得快速的网络连接服务。部署或协调微服务的底层 5G 云基础设施平台必须具有内置的安全性。下面介绍关于云基础设施平台的完整性、容器平台的完整性、容器启动时间的完整性和容器镜像安全等方面的实践及所采取的措施。

（1）云基础设施平台的完整性

服务器、存储和网络设备构成了部署云原生 5G 核心网的云基础设施平台。现有的安全防护措施通常利用硬件或软件设备——如果这些硬件或软件设备被攻击，那么云基础设施平台的安全防护措施将失效。下面为具体实践和缓解措施。

- 如 BIOS、磁盘驱动器控制器、SmartNIC、包处理芯片、加密卸载引擎和设备运行所需的各种微控制器等，这些设备具有运行在各种关键组件上的低级固件。这类固件需要更新功能，避免组件及其平台受到 rootkit 攻击。
- 在一个安全可信的运行时环境中，在集群中只运行可信节点，其基于硬件信任根（可信平台模块）。将硬件作为度量信任的核心信任根，为每个组件建立一条度量链，信任可以被扩展到软件堆栈的更高层次。

虽然基于硬件的安全控制可以提供较高级别的保护，但仍需要结合其他安全技术和策略，以全面提升系统的安全防护能力。同时，持续监控和更新安全措施也是必要的，以应对不断变化的安全威胁。

（2）容器平台的完整性

确保容器堆栈（工作节点、K8s 集群和容器）的完整性，对于防止攻击至关重要。构建容器堆栈，应该保证堆栈的完整性，确保容器平台按预期运行。下面为具体实践和缓解措施。

- 加强和优化操作系统的运行容器，确保在容器平台上运行的节点操作系统能够抵御来自容器平台和云内部的攻击。
- 利用不可变的基础设施，部署预先配置的分组资源（计算资源、网络资源、存储资源），这是安全自动化的关键。结合认证需求，不可变的基础设施使攻击者更难在容器堆栈中保持攻击的持久性。
- 加固 K8s 集群，通过合规配置并定期对集群运行 kube-bench 来检测其不合规行为。
- 最小化对工作节点的直接访问权限，通过禁用直接访问（通过 SSH 或其他协议）或使用基于代理的系统来维护节点和排除故障，以降低风险。
- 尽可能在专用子网中部署工作节点。
- 基于容器平台的完整性进行容器的调用和编排。

通过实施上述措施，可以有效地保护容器堆栈免受各种安全威胁，确保容器平台按预期运行，同时也为组织创造更大的价值。

（3）容器启动时间的完整性

在启动容器之前，要确保底层容器平台仍然是可信的。同时，要确保安全监控和其他运行时控制措施处于活动状态。例如，平台可以提供并启用具有可加载容器特定策略的可信执行环境。在确保容器平台完整性的情况下，必须在启动前验证每个容器的完整性。首先，确保容器是从受信任的源（例如受信任的镜像存储）加载的；然后，验证容器本身的完整性；最后，启动容器。此时，容器的运行是安全的。根据特定的容器和容器平台的策略进行监控。通过持续监控堆栈，在容器启动和终止时提供堆栈处于安全状态的持续证明。

（4）容器镜像安全

保护容器镜像安全是抵御攻击的第一道防线。不安全的容器镜像可以使攻击者进行容器逃逸并访问主机，从而访问敏感信息或在集群内横向移动。下面为具体实践和缓解措施。

- 构建全新的镜像。
- 多阶段构建镜像，可以最小化被推送到容器注册表中的最终镜像。不存在构建工具和其他无关二进制文件的容器镜像，可以减少攻击面。
- 定期扫描容器镜像，检查是否存在漏洞。
- 限制对容器镜像仓库的访问权限。
- 对镜像使用不可变标记。
- 更新容器镜像中的软件包。

5G架构的革新，使得5G网络为行业应用场景提供网络服务变为可能，也使得传统网络安全防护体系面临新的挑战。为了满足5G网络自身的防护需求，以及垂直行业的差异化安全要求，需要采用新的安全防护理念构建全新的5G安全架构，以实现从基础设施、网络功能、业务服务、信任关系等多个维度对5G网络进行全方位的立体防护。

8.4 工业互联网云安全实践

工业互联网是通过新一代信息通信技术建设连接工业全要素、全产业链的网络，以实现海量工业数据的实时采集、自由流转、精准分析，从而支撑业务的科学决策、制造资源的高效配置，推动制造业融合发展。工业互联网安全对我国制造业数字化转型升级，实现制造业高质量发展以及提升国际竞争力具有战略意义。

8.4.1 工业互联网的发展及体系架构

工业互联网是实现工业智能化发展的关键支撑，是新一代信息通信技术与先进制造业深度融合所形成的新兴业态与应用模式。工业互联网深刻变革传统工业的生产、管理、服务方式，催生新技术、新模式、新业态、新产业。

1. 工业互联网发展路径

工业互联网是在工业网络、云计算、现代通信等基础上发展而来的，于 21 世纪 10 年代初步形成。放眼全球，不同国家由于工业基因、工业技术的积淀不同，工业互联网的发展路径也不尽相同。美国坚持市场化原则，工业互联网主要由巨头企业和资本主导；德国更加注重产品质量和技术，围绕整体的工业形态打造展开；中国则是在云平台的基础上，由政策领航助推，逐步发展前行，目前处于初步发展期。图 8-18 展示了国内外工业互联网的发展历程。

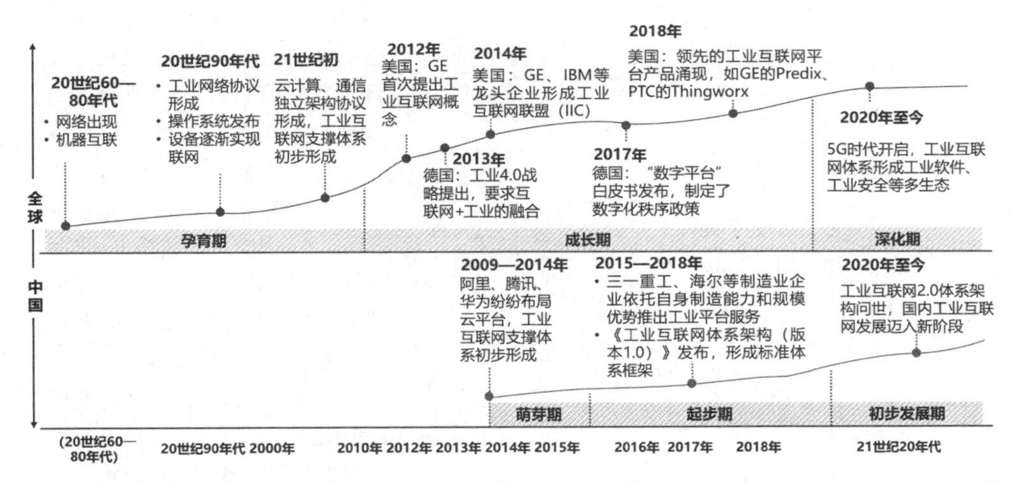

来源：《2023 年中国工业互联网平台行业研究报告》

图 8-18　国内外工业互联网的发展历程

近年来，国家政策大力支持工业互联网发展。如表 8-5 所示，为了鼓励企业加强工业互联网的应用，推动工业互联网与实体经济深度融合，提升制造业的智能化水平，工业和信息化部、应急管理部等部门相继出台一系列政策，为企业提供了政策保障和财政支持。

表 8-5 中国工业互联网相关政策（部分）

发布时间	政策名称	发布部门	相关内容
2022 年 2 月	《“十四五”国家应急体系规划》	国务院	充分利用物联网、工业互联网、遥感、视频识别、第五代移动通信（5G）等技术提高灾害事故监测感知能力。实施“工业互联网＋安全生产”融合应用工程，建设行业分中心和数据支撑平台，建立安全生产数据目录
2022 年 1 月	《“十四五”数字经济发展规划》	国务院	有序推进基础设施智能升级。建设可靠、灵活、安全的工业互联网基础设施，支撑制造资源的泛在连接、弹性供给和高效配置
2021 年 1 月	《工业互联网创新发展行动计划（2021—2023 年）》	工业和信息化部	到 2023 年，工业互联网新型基础设施建设量质并进，新模式、新业态大范围推广，产业综合实力显著提升
2020 年 10 月	《“工业互联网＋安全生产”行动计划（2021—2023 年）》	工业和信息化部、应急管理部	一批重点行业工业互联网安全生产监管平台建成运行，“工业互联网＋安全生产”快速感知、实时监测、超前预警、联动处置、系统评估等新型能力体系基本形成
2020 年 7 月	《工业互联网专项工作组 2020 年工作计划》	工业和信息化部	升级建设工业互联网外网络、支持工业企业建设改造工业互联网内网络
2020 年 3 月	《工业和信息化部办公厅关于推动工业互联网加快发展的通知》	工业和信息化部	加快工业互联网试点示范推广普及；加快壮大创新发展动能；加快完善产业生态布局；加大政策支持力度等

在国家政策支持和市场需求驱动双向助推下，工业制造业企业加快构建工业互联网平台，以满足数字化、网络化、智能化的转型需求。如图 8-19 所示，企业通过工业互联网的建设来构建供应链网络协同一体化能力、智能化生产制造能力、平台化创新研发设计能力、产品个性化定制能力、数字化管理能力、服务运

维一体化能力这六大服务能力，帮助其在数字化浪潮下真正实现以更低的成本，做更好的产品，提供更优质的服务，助推工业高质量发展。

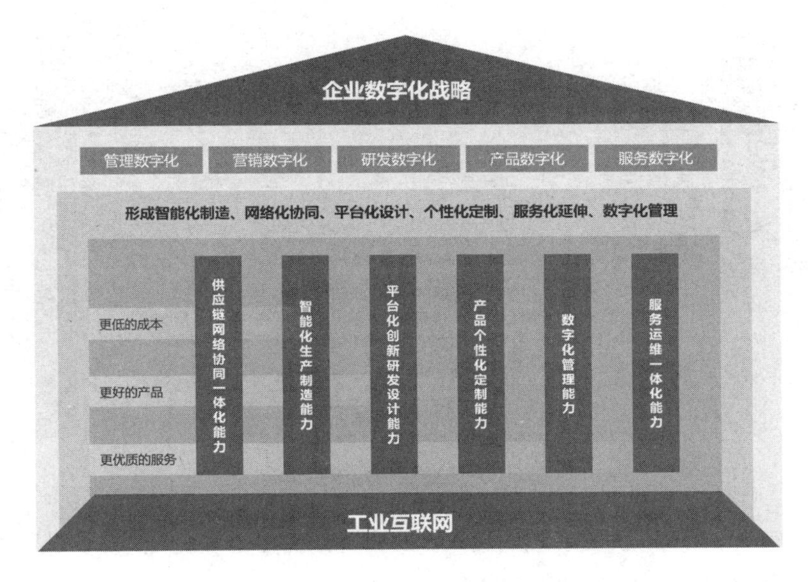

来源：《2023 工业互联网能力建设白皮书》

图 8-19　工业互联网助力制造业企业数字化转型

工业互联网的出现改变了企业研发、生产、管理和服务的方式，重新定义和优化整个价值流程，同时打破各行业间的信息孤岛，促进跨领域资源的灵活配置与内外部协同能力的提升，进而带动产业集群，推动区域经济高质量发展。

2. 工业互联网体系架构

工业互联网由网络、平台、安全三大功能体系构成，图 8-20 展示了工业互联网体系架构。工业互联网的网络体系将连接对象延伸到人、机器设备、工业产品和工业服务，是实现全产业链、全价值链的资源要素互联互通的基础。网络性能需要满足在实际使用场景下低时延、高可靠、广覆盖的需求，既要保证高效率的数据传输，也要兼顾工业级的稳健性和可靠性。平台下连设备，上接应用，承载海量数据的汇聚，支撑建模分析和应用开发，定义了工业互联网的中枢功能层级，在驱动工业全要素、全产业链、全价值链深度互联，推动资源优化配置，促进生产制造体系和服务体系重塑中发挥着核心作用。安全代表着工业互联网的整体防护能力，涉及工业互联网领域的各个环节，是涵盖设备安全、控制安全、网络安全、平台安全和数据安全的工业互联网多层次安全保障体系，通过监测预警、应急响应、检测评估、攻防测试等手段为工业互联网的健康、稳定发展保驾护航。

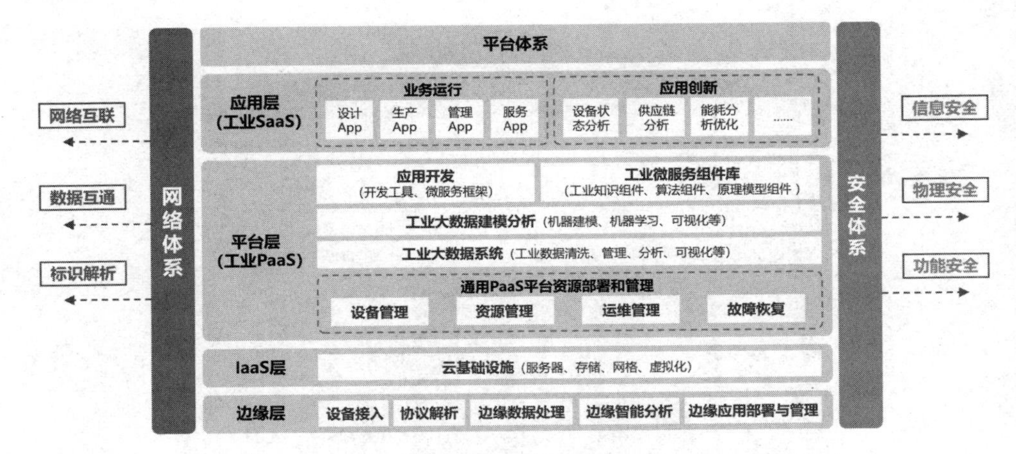

图 8-20 工业互联网体系架构

具体来看，工业互联网平台体系可以被划分为多个功能层级，包括边缘层、IaaS 层、平台层（工业 PaaS）和应用层（工业 SaaS）。

- 边缘层是基础，向下接入工业设备，实现数据的采集与处理，具有终端联通、网络基础设施的作用。
- 云基础设施 IaaS 层是支撑，其作用是提供计算、存储及网络等资源，支撑 PaaS 层更好地为用户服务。
- 平台层即工业 PaaS 平台，是工业互联网平台体系的核心。基于通用的 PaaS 并融合多种创新功能，将工业机理（工业 Know-How）沉淀为模型，实现数据的深度分析，并为 SaaS 层提供开发环境，是平台层核心能力的集中体现。
- 应用层是关键，其包含工业 SaaS 平台和各类工业 App，主要针对企业的个性化需求开发，提供覆盖不同行业、不同领域的业务应用和创新性应用，与企业的经营管理深度绑定，形成工业互联网平台的最终价值。

工业互联网平台是新型制造系统的数字化神经中枢，在制造业企业转型中发挥着核心支撑作用，已成为企业智能化转型升级的重要抓手。一方面，它可以帮助企业实现智能化生产和管理；另一方面，它还可以帮助企业实现生产方式和商业模式的创新。未来，工业互联网平台可能催生新的产业体系，真正实现“互联网＋先进制造业”的发展创新。

8.4.2 工业互联网平台安全威胁

工业互联网平台承载的关键信息基础设施是国家重要的战略资源，因此它也成为网络攻击的重要目标。同时，工业互联网平台是业务交互的桥梁和数据汇聚与分析的中心，连接全生产链的各个环节以实现协同制造，平台的高复杂性、开放性和异构性的特点加剧了其所面临的安全风险。

1. 工业互联网平台是重要攻击目标

近年来，全球工业互联网安全事件频发，包括恶意软件、数据泄露、新型勒索攻击等不同类型的安全威胁，工业互联网平台成为重要的攻击目标。并且，工业互联网在安全管理方面存在不足，需要从技术、组织、策略等多个方面进行综合提升和优化。

（1）针对工业领域的攻击层出不穷

当前国际网络安全形势日益严峻，网络攻击集团化、国家化的趋势日益明显。从已曝光的 APT 攻击案例可以看出，大量具备高度经济价值或特殊政治地位的基础设施成为 APT 攻击的目标，例如伊朗的核电站、乌克兰的电网、委内瑞拉的水电站等工业基础设施。2022 年，中国国家工业互联网安全态势感知与监测预警平台累计监测发现各类网络攻击 7975.4 万次，同比增长超过 23.9%。

针对工业领域和关键基础设施领域的攻击层出不穷，其中大部分为有组织、有计划的高级威胁，并普遍采用 0day 漏洞等攻击方式。此种攻击对于传统的防御系统来说无法事先预知，形成未知威胁的防御盲区。传统的防御系统能够轻易被绕过，新的攻击方式层出不穷，依靠现有已知的攻击方式，并不能预测未知的攻击手段。同时，由于 APT 攻击具有攻击方式多样化、攻击技术复杂先进、攻击持续时间长等特点，传统的基于特征匹配、威胁情报的安全防范措施对于未被披露的攻击方式束手无策。

（2）工业互联网平台安全管理不足

工业和信息化部等十部门联合发布了《加强工业互联网安全工作的指导意见》，对工业互联网平台建立安全管理制度、落实安全责任做出明确规定。但是，我国企业在工业互联网平台的安全管理方面仍存在一定的不足。

- 安全管理制度不完善：可能缺乏针对平台安全建设、供应商安全要求、安全运维、安全检查和安全培训等的安全管理制度，安全责任落实不明晰，对内部人员缺乏有效的安全管控。
- 安全投入较少：对工业互联网平台的安全投入较少，专职的安全防护人员不多，普遍存在"重功能、轻安全"的现象。
- 安全配置管理不足：当前工业互联网平台的安全配置管理依赖人工，自动化、智能化程度不足，缺乏快速、有效的安全配置检测预警机制，一旦出现配置错误，将无法及时发现和启动相应的安全措施。
- 安全建设考虑不全面：工业互联网平台在设计、开发、测试、运行和维护各阶段缺乏相应的安全指导规范，未将安全融入平台建设的整个生命周期中。

工业企业需要构建工业互联网安全管理体系，提升安全防护水平，进一步加强制度建设，增加安全投入，改进安全配置管理，并确保安全措施贯穿于平台建设的全周期。

2. 工业互联网平台安全威胁突出

如图 8-21 所示，基于工业互联网平台体系架构，从安全威胁的视角展示了工业互联网平台所面临的不同安全威胁。

来源：《工业互联网平台安全白皮书（2020）》

图 8-21 工业互联网平台所面临的不同安全威胁

工业互联网平台是面向制造业数字化、网络化、智能化需求而构建的，支持实现制造资源的泛在连接、弹性供给和高效配置。其高复杂性、开放性和异构性等特点也带来了众多安全风险。下面将针对部分层级介绍工业互联网平台所面临的安全风险。

（1）工业云基础设施层

工业云基础设施层所面临的主要安全风险包括：

- 工业互联网平台存在与传统云平台相同的脆弱性。现有的工业互联网平台重度依赖底层传统云基础设施的硬件、系统和应用程序，一旦底层设备或系统受损，就必然会对平台上层的应用程序和业务造成重大影响，可能导致系统停顿、服务大范围中断等后果，使工业生产和企业经济效益遭受严重损失。
- 虚拟化技术提供的安全隔离能力有限。工业云基础设施层通过虚拟化技术为多租户架构、多用户应用程序提供物理资源共享能力，但虚拟化技术提供的隔离机制可能存在缺陷，导致多租户、多用户之间的隔离措施失效，造成未经授权访问资源的问题。

- 虚拟化软件或虚拟机操作系统存在漏洞。工业云基础设施层的虚拟化软件或虚拟机操作系统一旦存在漏洞，就可能被攻击者利用，破坏隔离边界，实施虚拟机逃逸、提权、注入恶意代码、窃取敏感数据等攻击，从而对工业互联网平台的上层系统与应用程序造成危害。

（2）工业云平台服务层

工业云平台服务层所面临的主要安全风险包括：

- 传统的安全手段无法满足多样化平台服务的安全要求。工业云平台服务层包括工业应用的开发与测试环境、微服务组件、大数据分析平台、工业操作系统等多种软件栈，支持工业应用的远程开发、配置、部署、运行和监控，需要针对多样化的平台服务方式创新、定制安全机制。当前工业互联网平台一般采用传统信息安全手段进行防护，无法满足多样化平台服务的安全要求。
- 微服务组件缺乏安全设计或未启用安全措施。工业云平台服务层的微服务组件与外部组件之间的应用接口缺乏安全认证、访问控制等安全设计，或者已部署接口调用认证措施，但未启用，容易造成数据被非法窃取、资源应用被未经授权访问等安全问题。
- 容器镜像缺乏安全管理及安全性检测。容器镜像是在工业互联网平台服务层中实现应用程序标准化交付、提高部署效率的关键因素。但是，一方面，若容器镜像内部存在高危漏洞或恶意代码，未经安全性检测即被分发和迭代，则将造成容器脆弱性扩散、恶意代码植入等问题；另一方面，容器镜像管理技术不完善，其一旦被窃取，就容易造成应用数据泄露、“山寨”应用等问题。

（3）工业应用层

工业应用层所面临的主要安全风险包括：

- 工业应用层的传统安全防护技术应用力度不足。当前工业应用层的软件重视功能、性能设计，鉴别及访问控制等安全机制设计简单且粒度较粗，攻击者可通过 IP 地址欺骗、端口扫描、数据包嗅探等通用手段发现平台应用存在的安全缺陷，进而发起深度攻击。

- 工业应用的安全开发与加固尚不成熟。当前工业应用的安全开发、安全测试、安全加固等技术研究仍处于探索起步阶段，业内尚未形成成熟的安全模式和统一的安全防护体系。

总体来说，工业互联网平台的安全风险是多层次、多维度的，需要通过综合性的安全策略和技术手段来应对。这些策略和技术手段应当能够适应不断变化的工业互联网环境，并能够有效地防御各种潜在的安全威胁。

8.4.3 工业互联网平台安全体系

近年来，随着工业互联网的发展，安全问题更加突出，网络攻击呈现敏捷化、产业化的特点，攻击成本不断降低，攻击方式更加先进。因此，工业互联网平台需要体系化的安全建设，打造原生、融合、智能的先进云安全能力，实现动态、高效的防御和响应。

因此，从防护对象、安全角色、安全威胁、安全措施、生命周期五个视角提出工业互联网平台安全参考架构，如图 8-22 所示。该架构明确防护对象，厘清安全角色，分析安全威胁，梳理安全措施，提出全生命周期的安全防护思路。

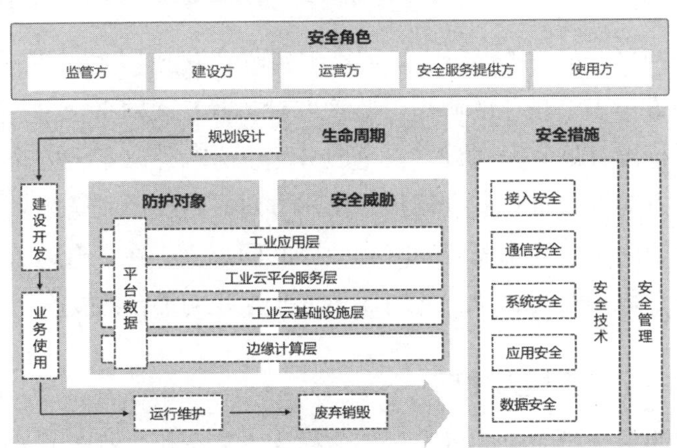

来源：《工业互联网平台安全白皮书（2020）》

图 8-22 工业互联网平台安全参考架构

通过从上述五个视角进行的综合考虑和设计，构建了一个全面、高效的工业互联网平台安全参考架构，不仅能够应对当前的安全挑战，还能够预防未来的潜在威胁，确保工业互联网平台安全、稳定运行。

1. 工业互联网平台安全责任共担

从工业互联网平台安全参考架构的安全角色的角度出发，工业互联网平台安全与平台企业、工业企业、第三方开发者、用户等多个参与方息息相关，明确各方的职责是保障平台安全的前提。其中主要涉及五个角色，即监管方、建设方、运营方、安全服务提供方和使用方，每个角色可以由一个或多个实体（个人或机构）担任，每个实体也可以同时担任多个角色。工业互联网平台安全角色如图 8-23 所示。

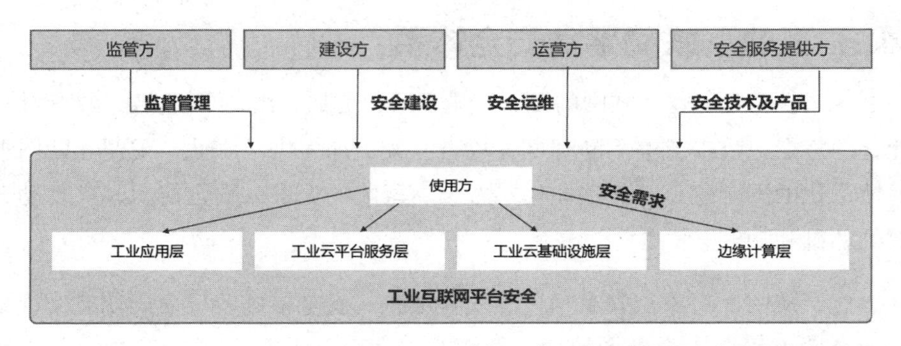

来源：《工业互联网平台安全白皮书（2020）》

图 8-23 工业互联网平台安全角色

工业互联网平台的安全、稳定运行离不开监管方、建设方、安全服务提供方、运营方和使用方等多个角色的协作。监管方对工业互联网平台进行监督管理，建设方按照相关标准开展安全建设，安全服务提供方为保障平台安全提供技术及产品支持，运营方对平台进行安全维护，使用方对平台提出安全需求，并进行安全使用。工业互联网平台安全需要所有相关方共同落实，在平台运行过程中，各方仍需加强责任意识和安全意识，共同保障工业互联网平台的安全。

2. 工业互联网平台安全能力体系

工业互联网平台所面临的风险呈现多样化、复杂化、难预测的趋势，企业亟待构建与工业互联网平台相融合的安全能力体系。如图 8-24 所示，依托工业互联网平台安全参考架构，从防护对象、安全威胁、安全措施等角度出发，在工业互联网平台的安全运营和安全技术两个方面，打造覆盖工业云基础设施层（IaaS）、工业云平台服务层（PaaS）、工业云应用层（SaaS）的整体安全能力体系，实现跨云、原生、泛在、闭环的一体化工业云安全防护。

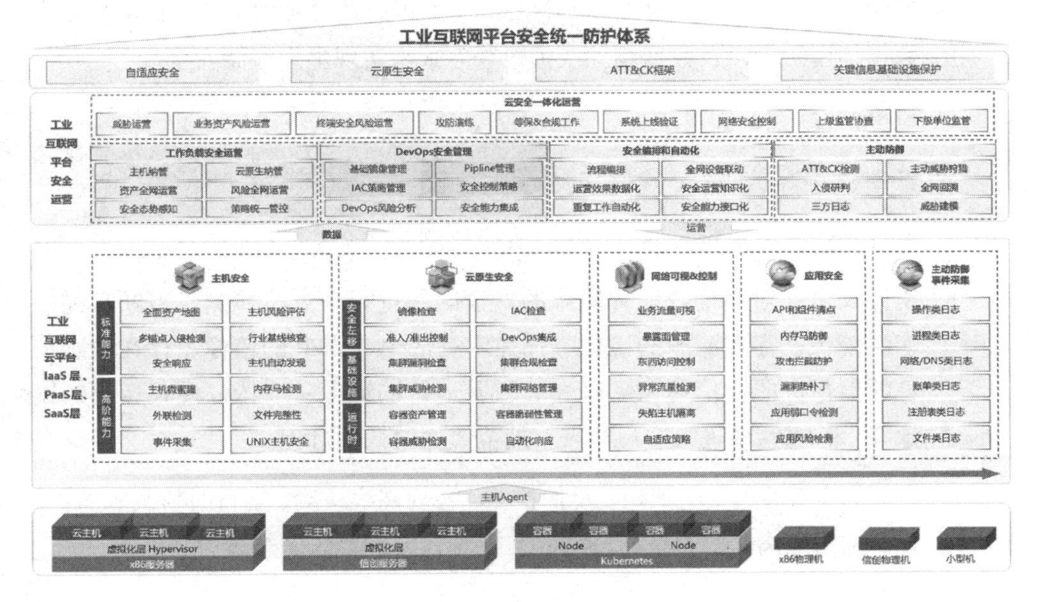

图 8-24 工业互联网平台安全能力体系

从工业互联网体系架构来看，安全能力建设从下到上包括 IaaS、PaaS、SaaS 三个层级。下面介绍各个层级具体的安全能力。

（1）IaaS 层安全能力

对于 IaaS 层安全能力，主要介绍虚拟主机安全、虚拟网络安全和虚拟存储安全。

- 虚拟主机安全：通过资产清点、入侵检测、风险发现、合规基线等安全功能形成主机防护闭环，及时发现主机原有的漏洞和潜在的安全威胁，适用于业务资产梳理、安全漏洞应急响应、攻击者入侵行为检测等多个场景。
- 虚拟网络安全：在网络层，基于区域划分，通过防火墙、入侵检测等手段进行边界隔离和访问控制。边界隔离是指通过物理隔离或逻辑隔离的方式，实现内网与互联网、主机之间的网络边界防护和访问控制，确保未经授权的人员无法访问任何内部资源。

- 虚拟存储安全：云存储中的虚拟化技术建立在网络服务之上，因此所有的网络安全问题在云存储中都存在。企业可以通过资源隔离、访问控制、数据加密防护以及数据删除或销毁等方式来实现虚拟存储安全。

（2）PaaS 层安全能力

对于 PaaS 层安全能力，主要介绍编排平台安全、镜像安全和容器安全。

- 编排平台安全：对集群组件进行安全检测、安全基线检查。
- 镜像安全：对镜像仓库和镜像的安全问题进行全方位检测，阻断存在补丁的镜像、存在漏洞的镜像、存在木马或 Webshell 的镜像、存在敏感信息的镜像、非受信镜像、以 root 权限运行的镜像、以特权模式运行的镜像等，并对镜像进行合规检查，规范镜像的构建过程。
- 容器安全：通过安全策略、镜像检测、合规基线检测、运行时检测和防护、容器网络隔离、安全运行环境，实现对云上容器的安全防护。

（3）SaaS 层安全能力

对于 SaaS 层安全能力，主要介绍开发安全、API 安全、微服务安全和 RASP。

- 开发安全：开发安全的主要目标是减少软件自身的漏洞，通过安全左移使得软件在开发环境中是安全的，从源头上保证工业互联网云平台的安全。
- API 安全：随着工业互联网平台逐渐“云化”，许多 API 由内网转向外网，由此造成数据安全风险敞口，这些接口一旦遭受恶意探测与爬取，将造成大量的敏感信息泄露。企业有必要通过弱密码管控、白名单控制等手段减少 API 攻击。
- 微服务安全：单体应用被拆分成多个微服务导致端口数量暴增，攻击面大幅增加，连锁攻破风险较高。对微服务进行漏洞扫描，发现微服务漏洞，修复漏洞，阻止风险传播。
- RASP：通过动态字节码修改技术将安全防护逻辑写入业务代码，根据上下文信息及当前参数信息进行实时检测与防护。

总体来看，工业互联网平台的安全能力建设是一个多层次、多维度的问题，每个层级都有其独特的安全挑战和解决方案，需要根据实际的业务需求和技术环境来具体建设安全能力。

8.4.4 工业互联网平台安全实践

为了保障工业互联网平台安全，制造业企业需要针对防护对象采取行之有效的防护措施。下面分别从工业互联网平台的云基础设施安全、云网络安全、云应用安全等层面，详细介绍制造业企业的工业互联网平台安全保护能力建设。

1. 云基础设施安全实践

工业互联网平台需要针对云平台的安全可见性、安全防护、安全检测、安全响应等方面，实现安全运营闭环管理。如图 8-25 所示，云安全运营管理覆盖主机侧和容器侧，通过统一安全防护平台，形成联合发现、联合抵御的纵深防护体系。

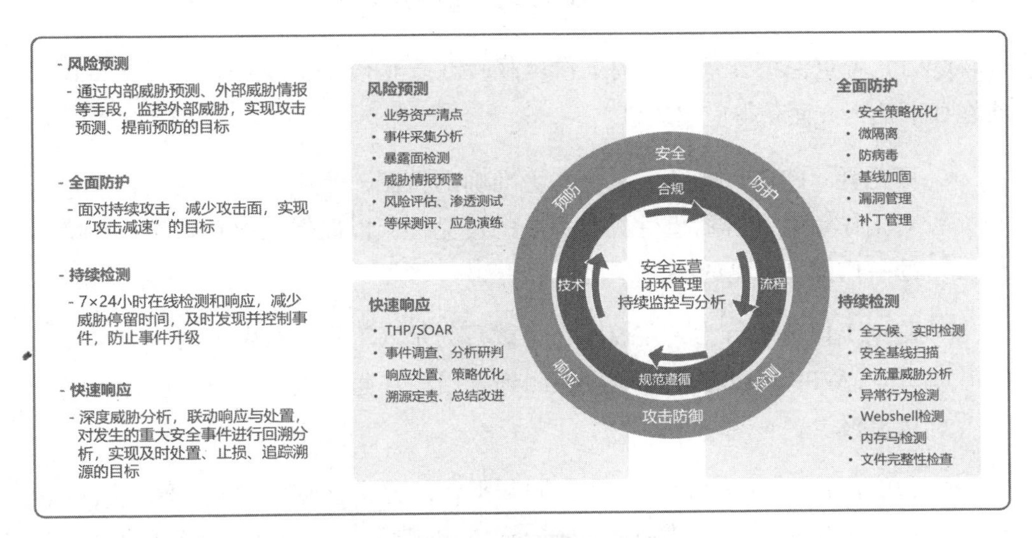

图 8-25　云安全运营管理体系

为了构建综合性的安全运营闭环管理体系，企业需要整合各种技术和工具，部署相应的安全能力，如云工作负载保护平台、云原生安全保护平台等，以提高安全效率和响应速度。

（1）云工作负载保护平台

目前，工业互联网云平台的安全建设重点应围绕云工作负载保护展开。如图 8-26 所示，云工作负载保护平台（CWPP）以工作负载为主体，以一致的方式保护混合云、多云架构下工作负载的安全，实现攻击面收敛、执行前防护、执行后防护、自动化运营管理等安全能力。

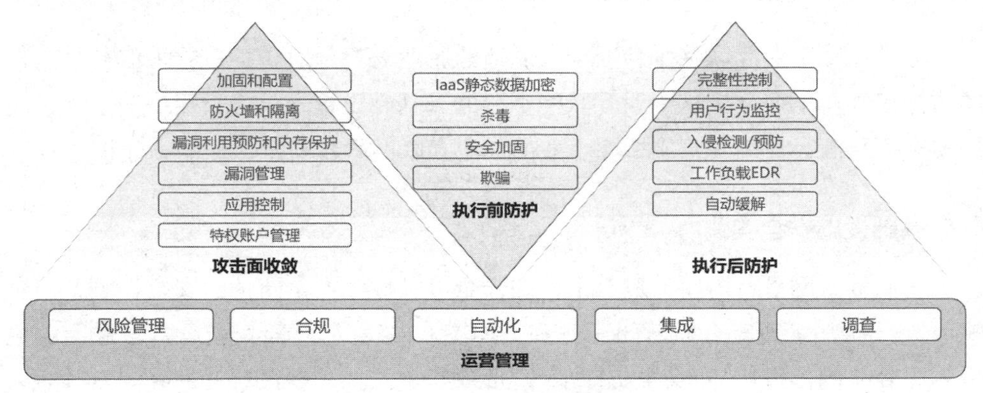

图 8-26 CWPP 安全能力

CWPP 着重保护云环境下的工作负载，制造业企业通过 CWPP 安全实践，将在如下几个方面获得应用效果。

- 可见性：CWPP 提供了更快和更准确的检测、响应、威胁搜索和调查，对工作负载和容器事件具有完全的可见性，以确保工业互联网云环境中的一切都是可见的。
- 监控工作负载行为：监控工作负载行为是云工作负载保护的一个组成部分。CWPP 可以在任何地方检测到入侵，并通过监控工作负载行为来发送警报。
- 一般保护：CWPP 保护工业互联网平台的整个云基础架构，涵盖云中的所有工作负载、容器和 Kubernetes 应用程序，CWPP 可进行自动化安全检测并阻止可疑活动。
- 统一的日志管理和监控：CWPP 为工业互联网平台环境中的各种工作负载提供全面统一的安全视图，提高了安全效果和管理效率。

- 系统加固和漏洞管理：CWPP 将删除可能会带来安全风险的不必要的应用程序、权限、账户、功能、代码，通过全面的风险识别帮助企业消除潜在的攻击媒介。
- 灵活性：云计算最显著的优势之一是按需扩展和弹性伸缩。CWPP 是基于云的安全方案，使企业能够实现云工作负载安全的灵活性。
- 合规性：数据保护法规要求企业实施特定的安全控制来保护敏感数据。CWPP 可以自动扫描受保护的数据所面对的漏洞风险和违规行为，并通过实施安全控制来确保合规。

通过实施 CWPP，制造业企业不仅能够保护其云环境中的工作负载免受各种威胁，还能够提高运营效率和安全性。

（2）云原生安全保护平台

为了支持数字化业务，工业互联网开始采用云原生技术架构，这带来了新的安全风险。如图 8-27 所示，制造业企业可以利用云原生安全保护平台，通过整合孤立的安全功能，保护云原生应用全生命周期安全。

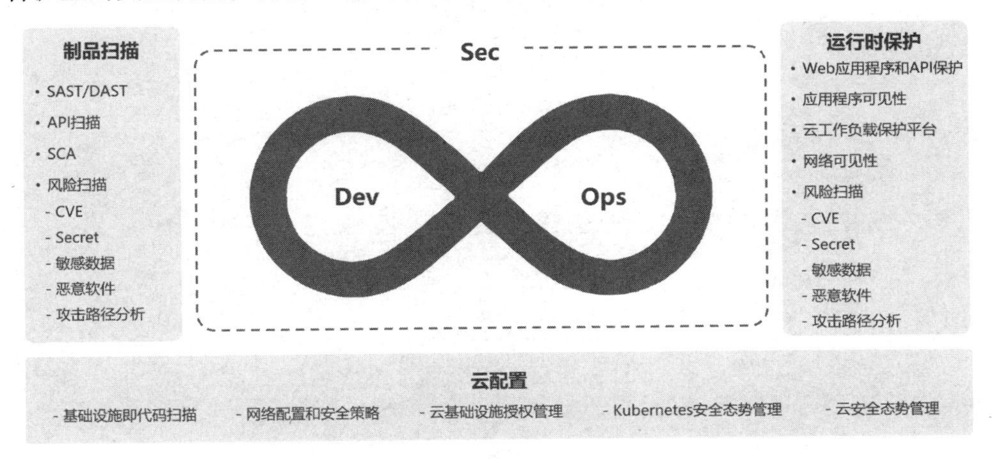

图 8-27 云原生安全保护方案

制造业企业通过云原生安全保护平台落地实践，针对云原生应用风险实现了更好的可见性和更强的控制能力。其利用开发和运行时阶段的多个工具集，实现了工业互联网平台云原生应用全生命周期的安全防护。

2. 云网络安全实践

现阶段，各种未知的威胁攻击层出不穷，然而，再高级的攻击也会产生流量。制造业企业通过云网络流量侧的安全建设，可以做到全方向、全流量分析，提升未知威胁防御能力。

（1）全流量威胁检测与响应能力

制造业企业通过全流量威胁检测与响应能力建设，能够准确发现网络中隐蔽的高级攻击行为，做到事前预防、事中控制、事后评估，以有效应对未知威胁。

在事前预防阶段，利用流量可视化能力，看见资产，看清安全洼地，看透安全隐患。全流量威胁检测通过网络可视化自动识别东西向流量和南北向流量，并关联终端资产信息，如图 8-28 所示。企业通过长期的流量监控和分析，构建完整的资产访问关系图。当检测到威胁时，结合 kill-chain 的方式，对每个资产受到的攻击进行关联，结合上下文分析，实时统计资产的安全状态。

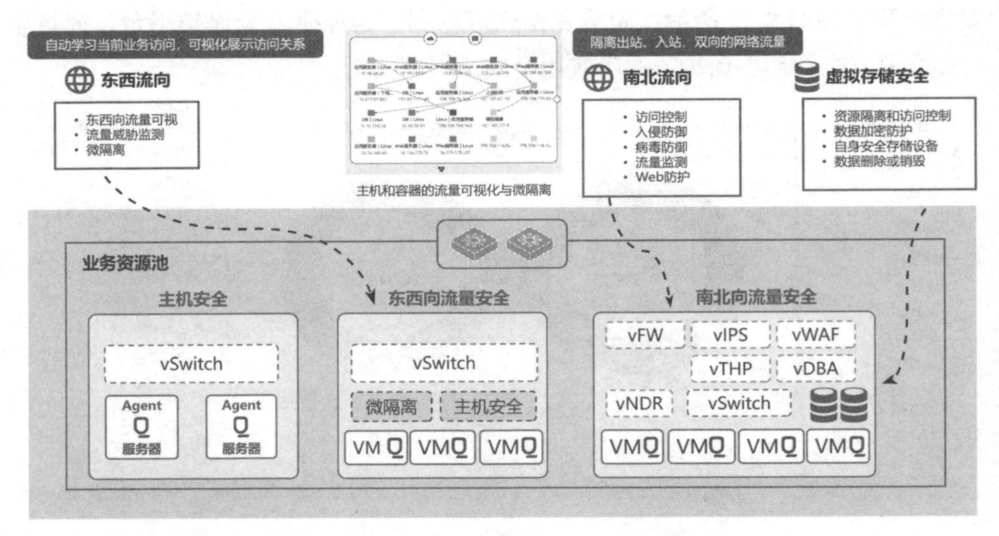

图 8-28 全流量检测通过网络可视化自动识别东西向流量和南北向流量

在事中控制阶段，利用数据可视化分析实现威胁追踪，在造成破坏之前阻断威胁。全流量威胁检测能力结合威胁检测技术、行为分析技术，实现了对威胁的检测，可以发现数十种网络攻击类型，通过快速发现网络中的恶意流量行为，并进行拦截和实时告警，帮助企业及时响应攻击行为。

在事后评估阶段，利用全量数据对事件进行回溯，评估事件的影响和处置的效果。制造业企业通过建设全流量威胁检测与响应能力，以及安全事件关联分析，判断告警的准确性和严重性，评估事件的影响，发现安全弱点。同时，基于上下文检测技术，以 ATT&CK 为模型，精准还原攻击事件，实现了对业务安全的定性和定量分析。

（2）漏洞管理，实现漏洞无效化

漏洞管理是制造业企业面临的难题。近年来，工业互联网的漏洞快速增长。那么，制造业企业如何更早地感知重点漏洞威胁？如何更快地进行有针对性的防御？如何更高效地进行漏洞加固？最有效的方式就是实现漏洞无效化。

企业以“安全漏洞”为视角，对漏洞利用行为进行有针对性的屏蔽，使漏洞探测和攻击行为失效。如图 8-29 所示，企业通过漏洞管理方案，从防御恶意漏洞探测、漏洞定向攻击、病毒利用漏洞扩散三个角度，从南北向和东西向两个维度进行立体式的漏洞利用行为防御。

企业通过漏洞无效化管理，可以实现以下几个方面的安全防护。

- 防御来自外部或南北向的漏洞探测行为，外部探测行为将获取不到漏洞信息。
- 防御南北向的漏洞攻击行为，拦截来自外部的漏洞攻击。
- 防御已感染恶意软件的主机利用漏洞横向渗透行为，东西向的漏洞探测行为将会被拦截。
- 防御已感染恶意软件的主机主动的东西向的漏洞攻击行为，拦截内部的漏洞攻击。
- 防御已感染恶意软件的分支机构对漏洞的探测和攻击利用行为。

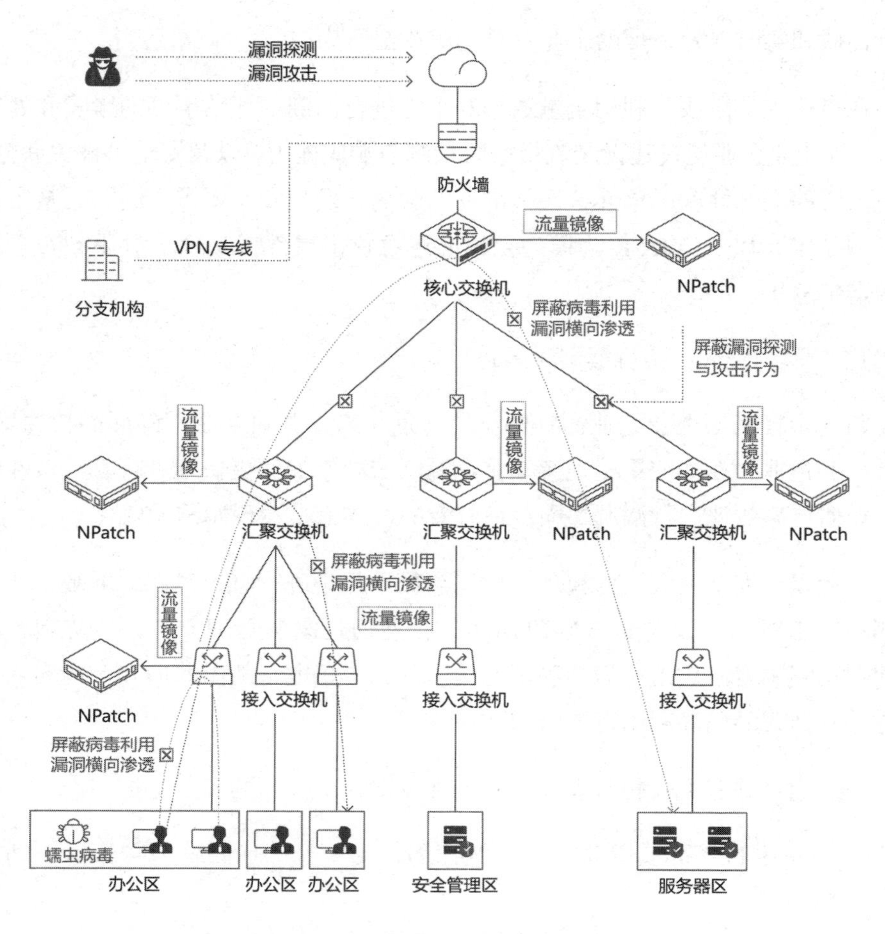

图 8-29 南北向 + 多级东西向漏洞利用行为防御

通过运用漏洞无效化安全技术和工具，企业可以构建一个全面的漏洞利用防护体系，从而有效地防御各种漏洞威胁。

3. 云应用安全实践

随着工业互联网平台的应用数量和复杂度的不断增加，安全边界变得模糊，传统的安全防护工具已无法提供有效保护。因此，必须使安全深入应用层级，为应用程序提供全生命周期的动态安全保护。如图 8-30 所示，运行时应用程序自我保护（RASP）技术作为一种新型 Web 防护手段，就像“免疫血清”一样被注入应用程序内部，使应用程序在运行时实现自我安全保护，帮助制造业企业实时检测和阻断已知的与未知的安全攻击，动态保护应用程序全生命周期安全。

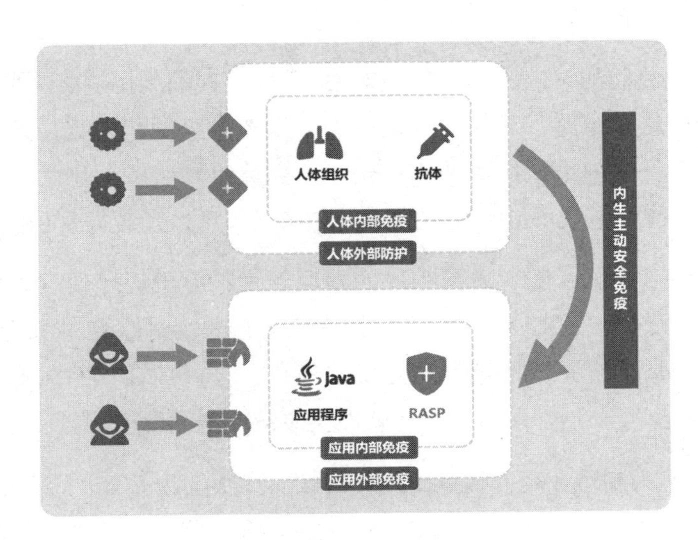

图 8-30　RASP 内生主动安全防护能力

制造业企业通过 RASP 安全防护方案，补足传统安全缺失的应用内部视角，通过插桩技术将主动防御能力融入应用程序的运行环境中，捕捉并拦截各种绕过流量检测的威胁攻击，如内存马、SQL 注入、0day 攻击等，让应用程序具备强大的自我防护能力。其具体体现在以下几个方面。

- 0day 攻击防御：通常攻击检测需要依赖已有规则，0day 漏洞无相应的规则，因此容易被绕过。RASP 对攻击的检测是基于无规则的逻辑检测，能够接管并监控应用程序的底层调用。而攻击必然会产生后续动作，如数据库访问、命令执行等均无法绕过底层调用，所以 RASP 对已知的攻击和未知的 0day 攻击都能有效防御。
- 内存马防御：内存马攻击具备极高的隐蔽性和危害性，只有深入应用程序内部检测才能形成有效防御机制。RASP 针对内存马攻击提供三道防御屏障，在内存马的攻击路径上层层拦截，从而对意图注入及已注入的情形实现全面防御。
- 应用热补丁：针对工业互联网平台漏洞修复成本高、影响大、难推进的问题，RASP 可以在应用程序不重启的情况下，对运行中的应用程序提供补丁修复，并且可以对新爆发的漏洞随时更新相应的修复能力，高效支持对热点漏洞的应急响应。

- 数据链路监测：RASP 能够获取应用程序完整的调用链路信息，得知 API 的数据传递链路，从而在数据追踪上发挥出众的代码定位效果；能够呈现应用程序内部微服务的拓扑信息，据此得知服务调用关系，发现调用风险；能够呈现不同应用程序之间的访问关系，发现异常访问连接。
- 组件清点检测：随着开源组件的漏洞频发，应用程序的软件供应链安全问题备受关注，RASP 能够在应用程序运行时实时监控和发现组件库真实的调用情况，并获取组件库的版本信息，分析其存在的风险，提供完整的组件库安全治理能力，避免软件供应链攻击的发生。

RASP 技术为制造业企业提供了一种高效、精准且易于部署的安全防护方案，有效地弥补了传统安全措施的不足，为应用程序安全提供了坚实的保障。

第9章

数字时代的云安全发展思路

数字经济已全方位嵌入我国经济社会发展当中，其发展速度之快、辐射范围之广、影响程度之深前所未有。对云计算等数字技术的快速应用促进了数字经济的蓬勃发展，新产业、新业态、新模式加速成熟，万物上云已成为新常态。云安全在整个安全体系中的基础性、战略性、全局性地位更加突出，面临“一点突破、全盘皆失”的严峻安全形势。

面对数字经济发展的安全挑战，要坚持统筹“发展和安全”并重的原则，以发展促安全，以安全保发展。随着数字经济的不断发展，应逐步增加安全投入，推动安全技术创新，切实推进人工智能等前沿技术在安全领域的应用，为推进数字经济高质量发展提供安全保障。

9.1 增加安全投入以匹配数字经济的发展

近年来，随着云计算产业的持续深化发展，云安全成为维护网络空间安全的重要基础。但是，当前我国整体安全投入不足，安全建设水平参差不齐，不同地区、不同行业的差距大。因此，数字时代的组织需要增加安全投入，特别是云安全的投入，以匹配数字经济的发展。其一，弥补前期安全投入的不足；其二，应对更严峻的云安全威胁形势；其三，强化关键技术的创新能力。

1. 弥补前期安全投入的不足

当前，我国安全市场需求仍未被完全激发。虽然我国网络安全产业规模在近些年快速增长，但在全球市场份额中的占比不到10%，存在较大的发展空间。同时，企业安全投入水平难以支撑数字化、智能化时代的安全建设需要。目前，企业安全投入占 IT 投入的比重为 2.1% 左右，与世界平均水平 3.74% 尚有一定的距离。过低的安全投入将导致诸多风险。一是不可避免地会存在安全能力碎片化、整体协同能力不足、可弹性恢复能力缺失等问题；二是安全投入的不足包括运营投入和安全人员的不足，最终将导致组织机构实战化运行能力的薄弱。

2. 应对更严峻的云安全威胁形势

随着数字经济的快速发展，人们在享受数字红利的同时，也面临着数字风险带来的挑战。数字时代的安全问题从网络空间向物理世界延伸。然而，由于对数字技术的快速应用，导致出现治理手段滞后的“时差”、技术能力对比的“落差”、新技术新安全建设的“偏差”，从而催生新情况、新问题，带来新风险、新挑战，而且，针对重要行业、关键领域、重点机构的攻击日益加剧，且呈现出组织性、目的性的特点。例如，全球针对电力系统的攻击多发，由此引发的停电事件对社会产生严重影响。同样，随着我国“新基建”步伐的加快，基础设施安全更是不容忽视。国家互联网应急中心数据显示，近年来我国云平台遭受 DDoS 攻击的次数占境内目标被攻击次数的 74%。大型工业互联网云平台遭受境外攻击的次数达每日 90 次，同比增加 43%。我国全年遭受 30 余个 APT 组织的网络攻击，且向能源、金融等多个领域拓展。

如图 9-1 所示，面对数字时代日益严峻的安全风险，需要在技术和监管等方面增加相关投入。一方面，针对在数字化过程中云计算等新场景产生的新威胁，需要增加新安全技术的研发投入；另一方面，针对关键信息基础设施的攻击增多，而且呈现组织化、隐蔽化、黑产化等趋势，需要从监管侧增加对安全产业的支持，促进和推动安全防护能力建设。

总的来看，面对数字时代更加严峻的安全威胁形势，需要提高对安全的关注度，增加安全投入，构建“关口前移，防患于未然”的安全保护体系，加强顶层设计，尽快实现向体系化安全建设的转型，将安全嵌入数字化和业务系统中，做到安全与数字化的同步规划、同步建设、同步运行，才能真正让安全与业务融合，实现互助发展，从而避免“事后补救”，实现“事前防控”。

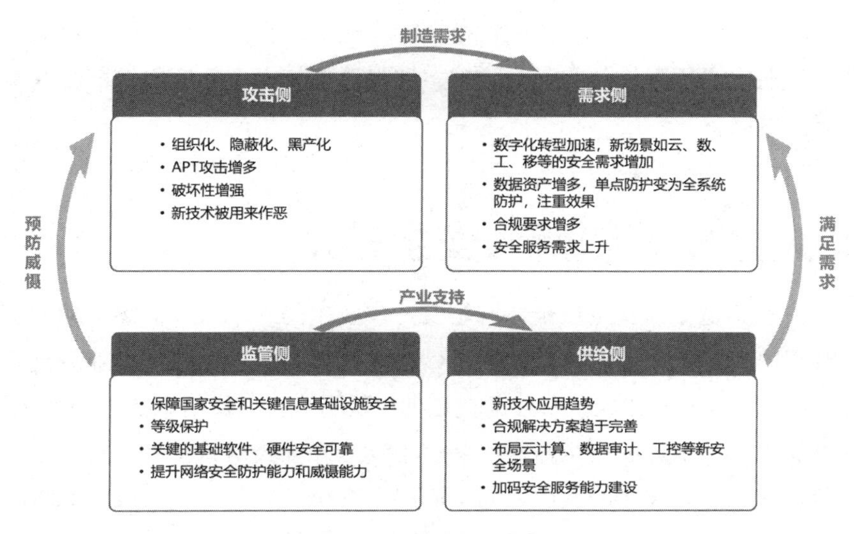

图 9-1　我国网络安全市场各环节发展趋势

3. 强化关键技术的创新能力

从单一安全产业来看，我国安全产业存在碎片化严重、产品趋于同质化、整体协同能力不强等问题，安全产业竞争停留在较低水平，网络安全基础理论和关键技术创新不足。关键技术的创新能力和国际竞争力与世界一流水平还存在差距。针对云安全这一新的细分场景，想要提高云安全防护能力，需要加大“专精特新”方向的投入，通过提升创新能力向市场提供更有竞争力的产品与服务，适应和引领市场需求，以在高水平的竞争中创造价值，提升我国安全产业的整体能力。

从整条技术产业链来看，关键技术的创新程度往往决定着生态系统的整体安全水平。只有全面掌握关键技术，才能减少硬件底层漏洞、软件代码缺陷，打造出闭环的网络安全防御体系。现阶段，我国包括安全技术在内的整个信息产业关键技术与美欧等国家存在差距。与安全技术息息相关的设备，从处理器芯片、内存设备、存储硬盘到操作系统，对国外企业的依赖性强，给安全闭环体系带来极大的隐患。因此，需要加大投入，推动信息技术的创新发展。例如，加快信创云平台建设，充分发挥云计算虚拟化、高可靠性、高通用性、高可扩展性及快速、弹性、按需自助服务等特点，加快推动软硬件创新。

在数字时代，安全的重要性进一步提升，因此应进一步加大安全投入，以匹配数字经济的发展，夯实关键领域，补齐能力短板，提高防护水平，形成安全合力，进一步强化“新基建”的安全防护，加强对新技术、新应用的前瞻性研究，做好关键技术储备。

9.2 大力发展创新云安全技术

在过去几年里，云安全在全球网络安全产业中是一个持续的热门领域。在未来一段时间内，云应用生态将持续完善，越来越多的行业会将重要业务迁移到云上。同时，随着对人工智能、大数据、工业互联网等新一代信息技术的逐步应用，将产生更加深入和细分的安全需求，从而推动云安全技术持续创新迭代。下面将聚焦当前云安全关键技术的发展方向，洞察云安全发展的重点领域和前沿趋势。

1. 云原生应用保护平台

目前，保障云原生应用安全需要使用多个供应商提供的不同工具，因为孤立作战的安全工具产生了大量警报，浪费了开发人员的时间。优化整合这些安全工具，可以提高团队对风险的认识和响应能力，减少不必要的干扰，从而更好地保护云原生应用安全。

云原生应用保护平台（CNAPP）紧密集成了安全和合规能力，旨在从开发到运行阶段全生命周期保护云原生应用。如图 9-2 所示，CNAPP 整合了大量以前孤立的功能，包括容器扫描、云安全态势管理（CSPM）、基础设施即代码（IaC）扫描、云基础设施授权管理（CIEM）、运行时云工作负载保护平台（CWPP）和运行时漏洞 / 配置扫描。通过 CNAPP 促进各种工具的协同合作，提高安全效率，降低安全风险。

随着企业数字化转型的深入，对云安全技术的需求日益增加。CNAPP 作为一种新兴的云安全解决方案，能够帮助企业更有效地管理和保护云基础设施与应用程序。

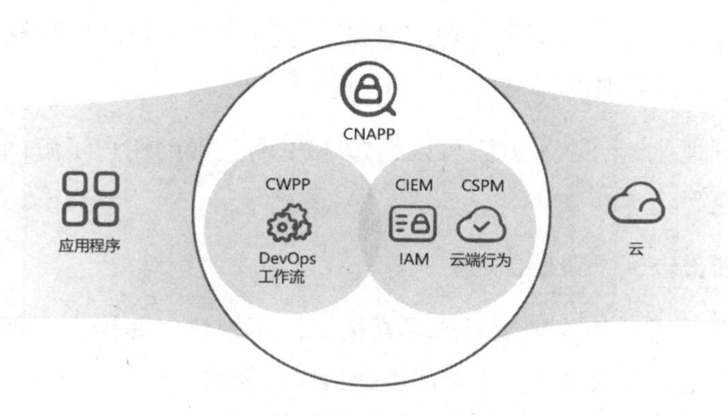

图 9-2　CNAPP 方案集成了多种安全能力

2. Web 应用程序和 API 保护

2021 年，Gartner 将 WAF 魔力象限改为 Web 应用程序和 API 保护（WAAP）魔力象限，进一步扩展了云上应用的安全防护范围和安全深度。WAAP 核心能力包括：Web 应用程序防护能力、DDoS 攻击防御能力、Bot 管理能力、API 安全防护能力。

WAAP 的重要性在于它提供了一种集成的方法，可以帮助企业更好地管理和利用数据资源，并将其转化为有价值的洞察和业务优势。通过使用 WAAP，企业能够快速部署和扩展各种应用程序，并优化其在各种设备和平台上的性能。此外，WAAP 还提供了支持数据安全和隐私保护的解决方案，可以帮助组织确保数据的安全性和合规性。总之，WAAP 在当前数字化和数据驱动的时代发挥着至关重要的作用，对于企业实现创新、增强竞争力以及提供卓越的用户体验非常关键。

3. 云安全态势管理

云安全态势管理（CSPM）是一种云安全管理与运营工具，它可以自动发现与管理云资产，配置与实施安全策略，并提供合规能力，帮助企业持续改进其云安全管理程序与策略，系统地降低云风险。CSPM 提供了如下功能来帮助用户实现合规和云配置的良好实践。

- 可视化资产清单，用于发现多云工作负载和服务。
- 分析与基础设施配置不当相关的风险，有些 CSPM 方案与身份风险管理相结合时，还会分析未使用的身份、过高的权限和高风险权限是如何导致敏感数据外泄的。

- 通过可视化，CSPM 方案可以通过 API 网关帮助用户了解网络连接、访问路径等。
- 审计和报告，以满足合规要求。
- 实现审计活动的使用情况或异常情况的可视化，并提供可落地的治理或补救措施，以减少这些漏洞或威胁带来的风险。

CSPM 作为一种云安全管理工具，其通过综合的功能集，可以帮助企业系统地降低云风险，确保云环境的安全性和合规性。

4. 云基础设施授权管理

数字化发展导致组织多云环境中的权限激增，并且对这些权限缺乏一致的管理和监督。为此，Gartner 提出了云基础设施授权管理（CIEM），它代表一种云原生和可扩展的方式，用于自动化实现云中权限的连续管理。根据 Gartner 的介绍，CIEM 提供了跨云部署最小权限的可扩展能力。CIEM 通过监控和控制权限来管理云访问，并利用智能分析、机器学习等方法检测账户权限中的异常情况，例如累积权限和不必要的权限。对于数字化组织，CIEM 可以帮助其实现高效管理和监控跨多云环境的所有身份权限。

5. Serverless 安全

Serverless 在云原生应用开发中变得越来越流行，其带来的安全挑战也越来越多。在 Serverless 环境下，由于封装了底层平台，无法再利用保护底层平台的安全措施来保护自身的安全。实现对 Serverless 的安全管控需要改变传统的思维方式，其中需要考虑以下几个方面。

- 权限管理：Serverless 使得攻击者可以采取行动的资源数量显著增加。开发者必须考虑管理数百个资源之间交互的策略，因为每个方向都有数百个权限，Serverless 也会带来无穷无尽的权限配置错误。由于存在大量交互的 Serverless 资源，正确配置变得非常重要。

- 应用依赖项存在漏洞：虽然第三方依赖项及其漏洞的问题并不是 Serverless 的新问题或特有问题，但是由于代码分布在很多小型服务上，每个服务都可能导入自己的一组库，因此在 Serverless 环境中进行手动管理简直“难于上青天”。
- 不良代码：Serverless 部署具有多种触发器，而且可以无限扩展，这意味着最小的错误也可能引发应用内的拒绝服务攻击。由于攻击面增大，漏洞更容易变成安全隐患。

虽然 Serverless 带来了许多便利，但同时也增加了安全管理的复杂性。开发者需要采取更为严格和系统的安全措施，以确保 Serverless 应用的安全性。

6. 零信任网络访问

随着云原生的应用，组织的业务规模扩大、部署环境增多、分布式复杂性增加，同时也带来了日益复杂的安全风险。例如，分布式基础设施意味着任何基于外围设备或端点的安全技术都不再有效；大量分散的用户访问云上与数据中心的业务时，需要具备统一权限控制策略。因此，通过零信任理念与云原生安全理念的融合，云安全架构中的各模块高效协同，最大限度地保障数字基础设施中各资源和动态行为的可信，已成为未来云安全的重要趋势。

零信任采用“从不信任，始终验证”的方法保护复杂的网络。其目标是通过严格的访问机制，在不影响安全性的情况下允许远程连接和复杂连接。这是专为当今的数字化业务而设计的，比传统网络解决方案更安全。

7. 安全访问服务边缘

组织数字化转型需要构建动态、灵活、弹性的网络和安全基础设施。因此，安全访问服务边缘（SASE）成为组织未来的安全架构方向，是数字化业务架构演进至“云化”和“服务化”后的必然选择，旨在实现安全、动态、快速的云访问目标，并确保用户和设备在任何地点、任何时间都可以对应用程序、数据和服务进行安全的云访问。如图 9-3 所示，SASE 是一种将网络连接能力与安全能力基于云计算统一交付的服务模型，其核心是网络即服务与安全即服务的融合。

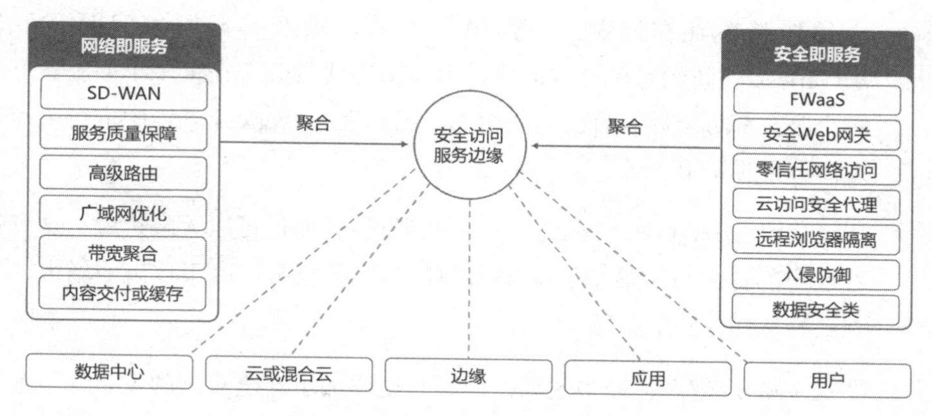

图 9-3 SASE 模型

SASE 作为云上安全能力的统一节点，贯通数字化转型中涉及的全部连接，可有效降低网络复杂度。同时，将安全能力上移到 SASE，通过在 SASE 平台统一订阅网络及安全能力，集中管理与下发，减轻运维压力，解决传统架构带来的安全问题，切实缓解数字化企业的 IT 建设之痛，对未来组织的 IT 架构发展具有深远影响。

8. 可扩展的检测与响应平台

可扩展的检测与响应平台（XDR）的核心是解决安全产品孤岛问题。它将用户的安全产品整合起来，把各类安全数据汇聚到集中的大数据平台，在此之上建设安全运营平台，提供针对网络攻击、滥用和未经授权访问的全面防御。XDR 是建立在端点检测与响应（EDR）以及安全信息与事件管理（SIEM）的功能之上的。然而，它比这些解决方案更进一步，它将检测范围扩大到网络和云端，让安全团队能够更好地了解整个威胁形势，通过对网络和云的全面可见性，统一端点和工作负载的安全功能，减少盲点，快速检测威胁，并通过跨域的威胁信息上下文自动进行修复。XDR 可以帮助用户清晰地看到安全运营效果，直观了解安全体系防护能力，并为未来的规划、建设、优化等决策提供科学量化依据。

9. 网络资产攻击面管理

近年来，网络攻击事件频频发生，其中黑客“炫技”已经越来越少，取而代之的是作战思维更加明确、趋利性更加明显的专业化网络攻击组织，包括各种勒索软件团伙、合作链条紧密的地下黑产等。在这样的情况下，网络资产攻击面管理（CAASM）受到越来越多的关注。

CAASM 以攻击者的视角对企业数字资产攻击面进行检测发现和持续监控，帮助企业安全团队应对资产可见性和暴露面的挑战。CAASM 主要通过 API 实现数据采集，从而取代了低效的通过人工获取并校验资产数据的方式。CAASM 使安全团队能够实现安全工具覆盖范围内的可视化管理，支持攻击面管理 ASM 流程，并为相关系统校对老化数据和补齐缺失数据。CAASM 的常见应用场景如下：

- 资产管理。利用CAASM进行资产管理的组织旨在识别其拥有的所有资产。此场景可以被扩展到资产配置文件整合，即收集信息（例如，设备类型、制造商、操作系统版本、资产信誉、漏洞和连接等）并在集中视图中展示，以获得更完整的资产配置文件。这种场景可能会吸引那些拥有多个漏洞扫描工具，并希望集中进行数据融合处理的大型组织。
- 监控基本安全状况和指标报告。此场景侧重于通过安全控制和风险暴露管理，改善基本的安全状况。CAASM 可以提供安全栈的可见性，并识别潜在的安全工具配置错误、安全控制覆盖范围，以及重复的安全工具 / 许可证。
- IT 合规性和审计报告。此场景侧重于收集有关技术控制的必要信息，以满足组织需要遵守法规、行业标准或框架的要求。CAASM 可以帮助生成关于技术控制措施状态的证据。
- IT 治理。该场景重点关注影子 IT 治理。CAASM 可以降低从“影子 IT”组织、已安装的第三方系统、非 IT 部门管理的应用程序收集数据的阻力，并提供更好的安全可见性。
- 问题优先级排序。此场景侧重于从各种源系统中获取漏洞信息，并将其与资产信息和资产依赖性相关联，以确定修复或缓解措施的优先级。CAASM 能够按资产类型、应用程序、站点等进行漏洞分类，这将有助于修复工作的开展。

CAASM 通过提供全面的资产可见性和持续的安全改进措施，帮助组织有效地管理和降低网络攻击面的风险，是现代网络安全管理不可或缺的一部分。

10. 云调查和响应自动化

随着各行各业上云步伐的加快，云上攻击和漏洞的风险也随之增加。此外，云安全带来了新的挑战，尤其是在取证和事件响应方面。云调查和响应自动化（CIRA）是一种新兴技术，旨在通过自动化实现威胁检测、数据融合、加速调查和响应以及多云环境支持，使组织能够全面了解和应对云风险。CIRA 可以帮助组织减少在云安全威胁检测及事件调查中的差距，主要体现在以下几个方面。

- 填补云事件响应方面的技能和经验的差距：许多组织的事件响应团队和安全团队在应对传统本地威胁方面经验丰富，其有适当的程序和控制措施。然而，可以检测和响应日益广泛的云漏洞的团队却少之又少。因此，当发生威胁事件时，组织的事件响应团队和安全团队不能及时做出有效的安全响应。增强团队的云事件响应能力是 CIRA 方案的重要价值。
- 确保收集正确的云调查监测数据：虽然成熟的组织在调查云威胁事件方面已经拥有专业人才，但是在收集全量数据进行威胁调查分析方面依然会存在不足。云是动态的且快速变化的，对于安全团队来说，很难跟上云的步伐。因此，自动化实现云调查数据的收集和分析是 CIRA 方案可以提供的巨大价值。
- 确保事件响应解决方案对云有效：一旦组织拥有了正确的监测技术、有能力的人员以及良好的实践，在将单点的安全方案进行整合后，各工具的协同能力如何？整合安全措施是否有效？通过这些传统的安全工具和实践方案如何应对云事件响应？所有这些问题都会影响云安全事件调查和响应的效果。当今，云驱动的企业面临着太多的风险。CIRA 方案可以有效填补云事件调查和响应能力的缺失，确保企业能够解决云上特有的事件响应问题。
- 应对 SaaS 化带来的挑战：在现代云应用企业中，业务部门经常启动和管理自己的 SaaS 应用程序，例如基于 SaaS 的 CRM、营销自动化或协作工具，建立全面的可见性并执行有效的安全控制成为一个问题。虽然企业可以制定 SaaS 安全策略，但无法确保这些策略得到有效执行。CIRA 方案可以让企业实现有效管理广泛的 SaaS 环境，并在发生安全事件时可以快速响应。CIRA 可以让企业获得更全面的可见性，并采取措施来控制这些基于 SaaS 的风险。

总的来看，CIRA 技术不仅可以提高安全团队的响应能力，还可以优化整个安全管理流程，使企业能够更有效地保护其云基础设施免受攻击。

9.3 推动 AI 在安全领域的应用

数字化浪潮来临，使人工智能（AI）技术得到了普遍关注和重视。随着网络空间逐渐成为数字经济发展的基石，网络空间的攻击面也在不断地延伸和拓展，攻防双方信息的不对称现象愈发明显。为了最大程度地提升网络空间安全水平，急需提出智能化、创新性的网络安全防御方法，以高效应对日益复杂、花样频出的风险和威胁。在这一背景下，人工智能被应用于安全，人工智能赋能安全，乃至人工智能重塑安全是大势所趋。

1. 人工智能在安全领域的应用

在数字化时代，安全技术在新威胁和新场景的牵引下创新发展，智能化、主动化能力成为竞争力的关键所在。毫无疑问，当前网络空间已经进入人工智能时代。人工智能对网络空间产生了深远影响，使人工智能时代的安全问题呈现出新的趋势，有了新的动向。一是攻击者开始运用人工智能发起新型网络攻击，例如基于人工智能的高级持久威胁；二是出现了针对人工智能系统本身的攻击或欺骗；三是人工智能开始赋能安全，也可称为人工智能保障安全。如图 9-4 所示，从攻防的视角及攻防主体采用人工智能的意图这两个维度、四个方面，展示了人工智能在安全领域的应用。

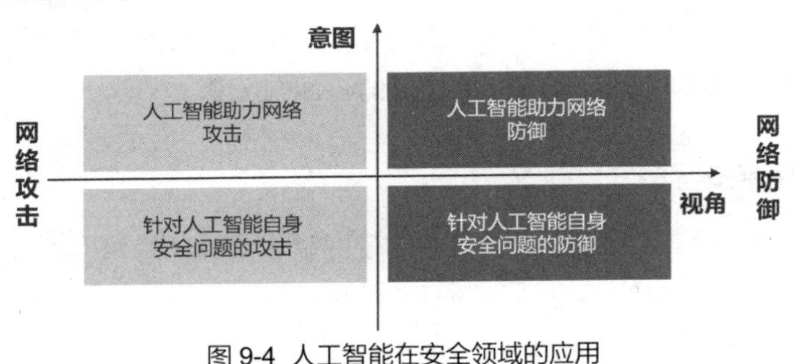

图 9-4 人工智能在安全领域的应用

从攻击方来看，人工智能和机器学习正在成为攻击者的首选技术。全球的网络犯罪团伙和 APT 组织正在积极招募人工智能和机器学习的专家，试图设计可以逃避当前威胁检测系统的恶意软件。

在 GoDaddy 曝出的潜伏多年的网络安全事件中，攻击者利用了人工智能技术来逃避检测，并成功在 GoDaddy 的系统中驻留多年。在 CrowdStrike Threat Graph 记录的所有威胁检测中，近四分之三（71%）是无恶意软件的入侵，越来越多的高级攻击者开始使用（合法的）有效凭据来增强在受害者环境中的访问和持久性。推动网络安全 AI 发展的另一个重要因素是新漏洞披露的速度越来越快，与此同时，越来越多的攻击者利用人工智能和机器学习技术来提高攻击速度。例如，攻击者使用 ChatGPT 来改进恶意软件，批量制作个性化的网络钓鱼电子邮件，并优化访问凭据窃取算法。

从防御方来看，行业组织也需要增加人工智能在安全防护领域的应用，以彼之矛攻彼之盾，在这场安全攻防 AI 军备竞赛中立于不败之地。可以预见，随着攻防态势的演变和新场景安全需求的迸发，人工智能在网络攻防对抗与核心资产业务防护中凸显重要价值，已成为网络攻防的关键技术之一。

人工智能安全方案拥有传统安全方案无法比拟的优势。其一，随着时间的推移，人工智能可以获得知识。利用机器学习和深度学习增强的平台，可以通过识别模式适应它们“生活”的网络。一旦这些平台建立了预期网络行为的基线，就可以智能地确定意外行为是否会构成威胁；其二，与人类安全分析师相比，人工智能不易出错且效率更高。虽然人类始终是安全防护的一部分，但许多与安全相关的流程可以由 AI 自动化处理，从而减少输入错误，加快安全相关流程，并提高检测未知威胁的能力；其三，与人类安全分析师相比，人工智能可以监控更广泛的范围。即使是大型 SOC 团队，其检查每个潜在漏洞的能力也是有限的，而通过人工智能可以实现更大范围、更高效的检测与分析。

2. 人工智能赋能安全的发展建议

攻击者已经在利用人工智能的力量进行网络攻击，如果没有同样强大的人工智能安全方案，那么组织很容易受到复杂的黑客攻击、网络钓鱼和其他攻击。下面给出了人工智能赋能安全的发展建议。

（1）强化研究与应用，推动智能化网络攻防体系的建设和能力升级

着眼于人工智能赋能网络攻击的威胁和影响，从防范安全威胁、构建对等能力的视角着手，尽快开展重大关键技术研究。推动“产学研”机构以有效应对人工智能赋能攻击的新型威胁场景为首要需求，从攻防两个方面进行联合攻关，开展智能化威胁态势感知、自动化漏洞挖掘与利用等技术的研究。加快人工智能技术在国家、重要行业的关键信息基础设施安全防护方面的体系化应用，整体性完成智能化升级换代，大幅提升关键信息基础设施安全保障、网络安全态势感知、网络安全防御、网络威慑的能力水平。为了管控人工智能带来的新型网络安全威胁，应加强相关法律法规建设，规范人工智能网络安全的健康发展，延缓并阻止与特定威胁相关的活动。

（2）加强共享与利用，破解人工智能网络攻防技术体系建设的数据难题

人工智能训练数据集既是人工智能安全研究中最有价值的数字资产，又是关乎人工智能安全能力建设成功与否的战略资产。然而，目前人工智能训练数据缺乏安全、可信、可追溯的手段进行共享与利用，这成为限制人工智能攻防技术快速发展的重要因素之一。建议以国家实验室等权威机构为依托，构建人工智能数据靶场，形成安全、可信、激励机制合理的共享与利用框架，促进人工智能数据资产的有效利用，落实以数据为中心的人工智能网络攻防技术的发展路径。

（3）加强对抗与评估，促进人工智能网络攻防技术的实用性发展

基于人工智能的攻防属于持续对抗升级的技术，其实际应用效果依赖对抗环境的全面性和真实性。然而，现有的人工智能攻防技术研究难以复现实际的攻防对抗环境，对人工智能自动化攻防技术从理论走向实际构成明显的制约。建议构建人工智能攻防对抗靶场，通过权威评估、技术挑战赛、测试验证等形式，有效推动人工智能网络攻击、自动化漏洞发现与利用的效能评估和对抗分析，促进人工智能攻防技术加速朝着实用性方向发展。

网络空间安全威胁全面渗透虚拟世界和物理世界，给各国的政治、经济、社会和国防带来巨大的安全风险与挑战。人工智能与安全威胁的深度结合，催生新

型安全威胁，给国家安全带来更加严峻的挑战。人工智能赋能网络攻击，在大数据等关联技术的辅助下，使网络攻击愈发呈现出大规模、自动化、智能化等新的特点，必将带动和促进安全防御技术、手段、能力的进化与发展。近年来，人工智能在威胁识别、态势感知、风险评分、恶意检测等方面显示出独特的价值和优势，应用需求呈现跨越式发展，产生了显著的溢出效应。人工智能技术在网络安全领域的应用，已经成为安全能力落地，发挥网络安全防御的有效性，对抗高级持续性威胁最直接、最关键的环节之一。